微阳

著

只要你坚持，
世界不会将你抛弃

中国华侨出版社

北京

前言

在我们的生活中总有那么一些人，过着平凡而又普通的生活，没有很好的家庭背景，没有过人的天赋……或许生活还会给他们更多的磨难，手中并没有一副好牌，可是，他们却走到了人生的高处，取得了常人无法企及的成就。他们凭的是什么？这便是被很多人忽略的"努力"与"拼搏"。

每个人都不会否认，我们都曾有梦想，都希望找到喜欢的生活状态，但是，时间长了，有些人就忘记了曾经的万丈豪情，忘记了曾经许下的诺言。不知道有多少人被眼前的困难吓得连连后退，有多少人躲在安逸的生活里不愿探头，有多少人藏在时光的角落里窥探他人的成功而悔恨。在忙忙碌碌的生活里，在逼仄的格子间里，很多人让迷茫代替了坚定，理想变成了无助，笑容扭成了愁容。叫嚷着命运不公，抱怨、吐槽成了这些人生活的一部分，甚至有的人已经随波逐流。

我们常说，生活会给予我们想要的一切，但许多人憧憬的美好状态，不是说一说或是做一个美梦就可以实现的，它需要我们比别人多努力百倍、多付出百倍，甚至是多折磨百倍，才可能拥有。如果没有跨急流攀险峰的胆魄，没有全力以赴抵达理想彼岸的决心，遇到荆棘和坎坷就轻易退却，遭受泥泞和伤痛就选择放弃，那么无论我们再怎么憧憬诗和远方，生活依然会是一潭死水。过好这一生，你需要智慧，更需要勇气。有勇气去努力和拼搏，才会让你放弃眼前的苟且，穿越更多的丛林，见识更多的风景，体验美好的岁月。

努力，是为了不辜负曾经那些五光十色的梦想；拼搏，是为了以更快的速度接近我们心中的目标；奔跑，是为了提醒自己前方的路途还很漫长。跌倒了爬起来就好，受伤了休息后再出发。现在流的汗水，是为了证明我们没有空耗生命。现在那么拼命努力，是为了十年后，乃至年老时，不因虚度时光而追悔莫及。

生活从来不会辜负努力的人。从一来到这个世界上，我们就在与命运作斗争，慢慢地你会发现，当你越努力时，你就会变得越幸运。所谓的挫折、失败、苦难并不可怕，可怕的是不敢面对。所有命运给予你的伤痛，终将会成为你人生的垫脚石，是别人无法复制、独属于自己的人生勋章。在奋斗的道路上，荆棘丛生，被伤害、受委屈都是必然，如果就此放弃，将一事无成。要知道，每一座历尽艰难爬上的山峰都是到达更高山峰的起点。它们不是拦路虎，而是过路桥；它们不是命运给你设下的坎，而是赐予你的机会——遭遇坎坷，大部分人会退缩，而你继续前行，等着你的将会是更大的收获。

目录
CONTENTS

第九章 你忍受的痛苦，都会变成将来的礼物

第十章 再牛的梦想，也抵不住傻瓜似的坚持

第一章

如果你知道去哪儿，全世界都会为你让路

成功者没有时间表

人生总会有高低起伏，不会有永远处于低谷的人生，也不会有永远兴盛的家世，处于困顿中的人一样要保持这样一种信念，要相信自己总有一天会成功。

张海迪 1955 年出生于山东省文登县，小的时候，她很聪明、活泼。可五岁那年，她突然得了一种奇怪的病，胸部以下完全失去了知觉，生活不能自理了。为了治好病，她不知道做了多少次手术，但最终也没治好她的病。医生们都认为，像张海迪这么小的高位截瘫患者，一般很难活到成年。

面对死神的威胁，小海迪意识到自己的生命很难长久，可是她并没有向命运屈服，她不想成为一个只能依赖家人的人，她相信，只要自己坚持不懈地努力，自己总有一天会获得成功。为了不虚度光阴，她把每一分每一秒都用在刻苦自学上。

在日记中，她把自己比作天空中的一颗流星。她这样写道："不能碌碌无为地活着，活着就要学习，就要多为群众做些事情。既然我像一颗流星，我就要把光留给人间，把一切奉献给人民。"

1970 年，张海迪跟随父母到乡下插队落户。她看到当地群众缺医少药，便萌生了学习医术的想法。她用平时省下来的零用钱买来了医学书籍，努力研读。为了能够识别内脏，她拿一些小动物来做解剖，为了了解人的针灸穴位，她就用自己的身体做实验；她用红笔、蓝笔在身上画满了各种各样的点，在自己的身上练习扎针。她以常人难以想象的坚强的毅力，克服了无数次的困难，终于能够治疗一些常见病和多发病了。

十几年里，张海迪医好了一万多名群众。搬到县城后，由于身体残疾，她没有工作可做，但她并不想让自己成为一个闲人。她从高玉宝写书的经历中得到启示，决定自己也走文学创作的路子，用笔去描绘美好的生活。

经过多年的勤奋写作，张海迪已经成为山东省文联的专业创作人员，她的作品《轮椅上的梦》一经出版问世，就立刻引起了十分强烈的反响。张海迪有着坚定的人生信念，只要自己认准了的目标，无论前面有多少艰难险阻，都要努力地跨越过去。

一次，一位老同志拿来一瓶进口药，请她帮助翻译一下文字说明，可张海迪并不懂英文，看着这位老同志满脸失望地离去，她心里很是不安。从那天开始，她决心学习英文。在学习英文期间，她的墙上、桌上、灯罩上、镜子上乃至手上、胳膊上都写有英语单词，她还给自己定下了任务，每天晚上必须记住10个单词，否则就不睡觉。家里无论来了什么样的客人，只要会一点英语的，都成了她学习英语的老师。

几年以后，她不仅可以熟练阅读英文版的报刊和文学作品，而且还翻译了英国长篇小说《海边诊所》。当她将这部译稿交给某出版社的总编时，那位年过半百的老同志感动得流下了热泪。

是的，每个人都会遇到这样那样的不顺。这时，你必须保持清醒，坚定地相信自己总有一天会成功。秉持这样的信念，上天就不会辜负你。

没有一帆风顺的人生，即使现在你失业了，也不要自暴自弃，心中永远保存着成功的信念，终有一天你会获得成功。

只要你不放弃，梦想会一直在原地等你

美国一位哲人曾这样说过："很难说世上有什么做不了的事，因为昨天的梦想，可以是今天的希望，并且还可以是明天的现实。"梦想是什么呢？梦想是对美好未来的向往与追求，它在我们的生命中是不可或缺的。没有泪水的人，他的眼睛是干涸的；没有梦想的人，他的世界是黑暗的。

梦想对一个人是很重要的，一个没有梦想的人，就像断了线的风筝一样，没有任何的方向和依靠，就像大海中迷失了方向的船，永远都靠不了岸。只有梦想可以使我们有希望，只有梦想可以使我们保持充沛的想象力和创造力。要想成功，必须具有梦想，你的梦想决定了你的人生。

一位成功人士回忆他的经历时说："小学六年级的时候，我考试得了第一名，老师送我一本世界地图，我好高兴，跑回家就开始看这本世界地图。很不幸，那天轮到我为家人烧洗澡水。我一边烧水，一边在灶边看地图，看到一张埃及地图，想到埃及很好，埃及有金字塔，有埃及艳后，有尼罗河，有法老王，有很多神秘的东西，心想长大以后如果有机会我一定要去埃及。

"我正看得入神的时候，突然有人从浴室冲出来，胖胖的，围一条浴巾，用很大的声音跟我说：'你在干什么？'我抬头一看，原来是我爸爸。我说：'我在看地图！'爸爸很生气，说：'火都熄了，看什么地图！'我说：'我在看埃及的地图。'我爸爸跑过来'啪、啪'给我两个耳光，然后说：'赶快生火！看什么埃及地图！'打完后，踢我屁股一脚，把我踢到火炉旁边去，用很严肃的表情跟我讲：'我给你保证，你这辈子不可能到那么

遥远的地方！赶快生火！'

"我当时看着爸爸，呆住了，心想：'我爸爸怎么给我这么奇怪的保证，真的吗？我这一生真的不可能去埃及吗？'20年后，我第一次出国就去埃及，我的朋友都问我：'到埃及干什么？'那时候还没开放观光，出国是很难的。我说：'因为我的生命不要被保证。'于是我就自己跑到埃及旅行。

"有一天，我坐在金字塔前面的台阶上，买了张明信片寄给我爸爸。我写道：'亲爱的爸爸：我现在在埃及的金字塔前面给你写信。记得小时候，你打我两个耳光，踢我一脚，保证我不能到这么远的地方来，现在我就坐在这里给你写信。'写的时候我的感触很深。我爸爸收到明信片时跟我妈妈说：'哦！这是哪一次打的，怎么那么有效？一脚踢到埃及去了。'"

俄国文学家列夫·托尔斯泰说："梦想是人生的启明星。没有它，就没有坚定的方向；没有方向，就没有美好的生活。"

梦想能激发人的潜能。心有多大，舞台就有多大。人是有潜力的，当我们抱着必胜的信心去迎接挑战时，我们就会挖掘出连自己都想象不到的潜能。如果没有梦想，潜能就会被埋没，即使有再多的机遇等着我们，我们也可能错失良机。

有了梦想，你还要坚持下去，如果半途而废，那和没有梦想的人也就没有区别了。如果你能够不遗余力地坚持，就没有什么可以阻止你的理想的实现。

梦想是前进的指南针。因为心中有梦想，我们才会执着于脚下的路，坚定自己的方向不回头，不会因为形形色色的诱惑而迷失方向，更不会被前方的险阻而吓退。

目标有价值，人生才有价值

关于人生，关于价值，著名哲学家黑格尔有一个著名的论断，他说："目标有价值，人生才有价值。"可见目标对于人生的重要性，只有了解了自己为何有此一生，确立了自己所要完成的目标，人生才会更有意义。因此，我们要树立自己的目标，而且要树立有价值的目标。

有一次，在高尔夫球场，罗曼·V.皮尔在草地边缘把球打进了杂草区。有一个青年刚好在那里清扫落叶，就和他一块儿找球，那时，那青年很犹豫地说："皮尔先生，我想找个时间向你请教。"

"什么时候呢？"皮尔问道。

"哦！什么时候都可以。"他似乎颇为意外。

"像你这样说，你是永远没有机会的。这样吧，30分钟后在第18洞见面谈吧！"皮尔说道。30分钟后他们在树荫下坐下，皮尔先问他的名字，然后说："现在告诉我，你有什么事要同我商量？"

"我也说不上来，只是想做一些事情。"

"能够具体地说出你想做的事情吗？"皮尔问。

"我自己也不太清楚。我很想做和现在不同的事，但是不知道做什么才好。"他显得很困惑。

"那么，你准备什么时候实现那个还不能确定的目标呢？"皮尔又问。

青年对这个问题似乎既困惑又激动，他说："我不知道。我的意思是有一天。有一天想做某件事情。"于是我问他喜欢什么事。

他想一会儿，说想不出有什么特别喜欢的事。

"原来如此，你想做某些事，但不知道做什么好，也不确定要在什么时候去做，更不知道自己最擅长或喜欢的事是什么。"

听皮尔这样说，他有些不情愿地点头说："我真是个没有用的人。"

"哪里。你只不过是没有把自己的想法加以整理，或缺乏整体构想而已。你人很聪明，性格又好，又有上进心。有上进心才会促使你想做些什么。我很喜欢你，也信任你。"

皮尔建议他花两星期的时间考虑自己的将来，并明确决定自己的目标，不妨用最简单的文字将它写下来。然后估计何时能顺利实现，得出结论后就写在卡片上，再来找自己。

两个星期以后，那个青年显得有些迫不及待，至少精神上看来像完全变了一个人似的在皮尔面前出现。这次他带来明确而完整的构想，已经掌握了自己的目标，那就是要成为他现在工作的高尔夫球场经理。现任经理5年后退休，所以他把达到目标的日期定在5年后。

他在这5年的时间里确实学会了担任经理必备的学识和领导能力。经理的职务一旦空缺，没有一个人是他的竞争对手。

又过了几年，他的地位依然十分重要，成了公司不可缺少的人物。他根据自己任职的高尔夫球场的人事变动决定未来的目标。现在他过得十分幸福，非常满意自己的人生。

塞涅卡有句名言说："如果一个人活着不知道他要驶向哪个码头，那么任何风都不会是顺风。有人活着没有任何目标，他们在世间行走，就像河中的一棵小草，他们不是行走，而是随波逐流。"

没有目标的人生就像没有方向的航船，只能在海上漫无目的地漂泊。为了掌握自己的人生，先要明确你的目标，找到努力的方向，再立即采取行动，不断努力提高自己的能力，促进自己的成长，就能获得满意的人生。

没有方向，什么风都是逆风

人的一生，背负的东西太多太多，压得我们喘不过气来。人生中有时我们拥有的太多太乱，我们的心思太复杂，我们的负荷太沉重，我们的烦恼太无绪，诱惑我们的事物太多，大大地妨碍我们，无形而深刻地损害我们。生命如舟，载不动太多的欲望，怎样使之在抵达彼岸时不在中途搁浅或沉没？我们是否该选择放下，丢掉一些不必要的包袱，那样我们的旅程也许会多一些从容与安康。

明白自己真正想要的东西是什么，并为之而奋斗，如此才不枉费这仅有一次的人生。英国哲学家伯兰特·罗素说过，动物只要吃得饱，不生病，便会觉得快乐了。人也该如此，但大多数人并不是这样。很多人忙碌于追逐事业上的成功而无暇顾及自己的生活。他们在永不停息的奔忙中忘记了生活的真正目的，忘记了什么是自己真正想要的。这样的人只会看到生活的烦琐与牵绊，而看不到生活的简单和快乐。

我们的人生要有所获得，就不能让诱惑自己的东西太多，不

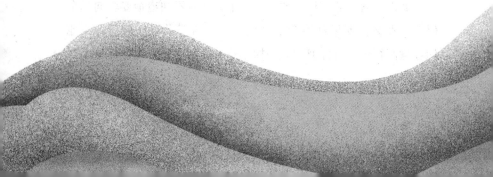

能让努力的方向过于分叉。我们要简化自己的人生，要学会有所放弃，要学习经常否定自己，把自己生活中和内心里的一些东西断然放弃掉。

仔细想想你的生活中有哪些诱惑因素，是什么一直干扰着你，让你的心灵不能安宁；是什么让你坚持得太累；是什么在阻止着你的快乐。把这些让你不快乐的包袱通通扔弃。只有放弃我们人生田地和花园里的这些杂草害虫，我们才有机会同真正有益于自己的人和事亲近，才会获得适合自己的东西。我们才能在人生的土地上播下良种，致力于有价值的耕种，最终收获丰硕的粮食，在人生的花园采摘到鲜丽的花朵。

　　所以，仔细想想你在生活中真正想要什么？认真检查一下自己肩上的背负，看看有多少是我们实际上并不需要的，这个问题看起来很简单，但是意义深刻，它对成功目标的制订至关重要。

　　要得到生活中想要的一切，当然要靠努力和行动。但是，在开始行动之前，一定要搞清楚，什么才是自己真正想要的。要打发时间并不难，随便找点儿什么活动就可以应付，但是，如果这些活动的意义不是你设计的本意，那你的生活就失去了真正的意义。你能否提高自己的生活品质，并且使自己满足、有所成就，完全看你自己真正需要什么，然后能不能尽量满足这些需要。

　　生活中最困难的一个过程就是要搞清楚我们自己究竟想要什么。大多数人都不知道自己真正想要什么，因为我们不曾花时间来思考这个问题。面对五光十色的世界和各种各样的选择我们更不知所措，所以我们会不假思索地接受别人的期望来定义个人的需要和成功，社会标准变得比我们自己特有的需求还要重要。

　　我们总是太在意别人的看法，以致我们下意识地接受了别人强加于我们的种种动机，结果，努力过后才发现自己的需求一样都没能满足。更复杂的是，不仅别人的意见影响着我们的欲望，我们自己的欲望本身也是变化莫测的。它们因为潜在的需要而形成，又因为不可知的力量日新月异。我们经常得到过去十分想要的，而现在却不再需要的东西。

　　如果有什么原因使我们总是得不到自己想要得到的东西的话，这个原因就是你并不清楚自己到底想要什么。在你决定自己想要什么、需要什么之前，不要轻易下结论，一定要先做一番心灵探索，真正地了解自己，把握自己的目标。只有这样，你才能在生活中满意地前进。

命运只垂青那些一定要赢、一定更好的人

有这样一个故事：

一个诗人听说一个年轻人想跳桥自杀，而他手里拿着的是诗人的诗集《命运扼住了我的喉咙》。诗人听说后，拿了另一本诗集，赶紧冲到桥上。诗人来到桥上，走到年轻人面前。

年轻人见有人上前，便做出欲跳的姿态说道："你不要过来！你不用劝我，我是不会下来的，命运对我太不公平了。"诗人冷冷地说："我不是来劝你的，我是来取回我那本诗集的。"年轻人很疑惑。诗人说："我要将这本诗集撕碎，不再让它毒害别人的思想，我可以用我手中的这本诗集和你手中的那本交换。"年轻人犹豫了一会儿，答应了诗人的请求。年轻人接过诗人手上的那本诗集，有点儿吃惊，因为诗人手上的那本诗集的名字和原来那本如此相似，但又是如此地不同——《我扼住了命运的喉咙》。

诗人接过年轻人手中的那本诗集，对着它凝望了一会儿，便将它撕得粉碎，撕完后，诗人又说道："当我四肢健全时，我曾多次站在你那里，但当我经历了那场车祸变成残疾后，我便再也没站在那里过。"诗人说完，用深切的目光望着年轻人。年轻人迎着诗人的目光沉思了一会儿，终于从桥上下来了。

很多时候，我们和上面这个年轻人一样，总是被身边的人和事牵绊着、主宰着，把自己的人生交给命运去处理，而忘了自己其实是自己人生的主人，我们的命运和心灵应该由自己做主。

如果说生命是一艘航船，那么我们对舵的把握程度，就决定

了我们拥有怎样的人生。一个人的命运好不好，是由自己决定的。敢于主宰和规划人生，奇迹便会不断产生。

世界上的人基本上分为两大类：一种人拥有积极乐观的人生态度，而另外一种人拥有消极悲观的人生态度。不同的人生态度，决定不同的人生结果。

那些积极乐观的人，总是自己掌握自己的命运之舵，从而顺利到达幸福的彼岸；而那些消极悲观的人，总是把自己的命运之舵交给别人，或者依靠所谓的命运之神，结果永远在苦海里挣扎。如果有了积极的心态，又能不断地努力奋斗，那么世上一切事情都有成功的可能。如果既没有积极的心态，又不肯好好去努力，那么将永远和幸福失之交臂。

在家长制依然广泛存在的今天，长辈们包办子女的前途似乎合情合理，就算偶有意见，被他们的"生存哲学"一训诫，子女也会立刻驯服。上好学校、找稳定工作、结婚生孩子……很多人总是沿着既定的轨迹向前走，按着长辈们的意愿来生活，从来没想过自己也可以开创一个全新的人生。

美国诗人亨利曾经说过："我是命运的主人，我主宰我的心灵。"每个人都应该做自己的主人，应该主宰自己的命运，而不能把自己交付给别人。然而，生活中许多人却不能主宰自己，有的人把自己交付给了金钱，成为金钱的奴隶；有的人为了权力，成了权力的俘虏；有的人经不住生活中各种挫折与困难的考验，把自己交给了上帝；有的人经历一次失败后便迷失了自己，向命运低头，从此一蹶不振。

一个不想改变自己命运的人，是可悲的；一个不能靠自己的能力改变命运的人，是不幸的。一个人想获得成功，必定要经过无数的考验，而一个经受不住考验的人是绝对不能干出一番大事的。很多人之所以不能成就大事，关键就在于无法激发挑战命运的勇气和决心，不善于在现实中寻找答案。古今中外的成功者，无不是凭借自己的努力奋斗，掌控命运之舟，在波峰浪谷间破浪扬帆。

每个人都要努力做命运的主人，不能任由命运摆布自己。像莫扎特、凡·高这些历史上的名人都是我们的榜样，他们生前都遭遇过许多挫折，但他们没有屈服于命运，没有向命运低头，而是向命运发起了挑战，最终战胜了命运，成为自己的主人，成了命运的主宰。

做真实的自己，过想过的生活

生命的真正意义在于能做自己想做的事情。如果我们总是被迫去做自己不喜欢的事情，永远不能做自己想做的事情，我们就不可能拥有真正幸福的生活。可以肯定，每个人都可以并且有能力去做自己想做的事，想做某种事情的愿望，这本身就说明你具备相应的才能或潜质。

为了生存，或许你不得不做自己不愿意做的事情，而且似乎已经习惯了在忍耐中生活。拿出你的魄力，做你想做的事情，放飞你心灵的自由鸟吧。

"知人者智，自知者明。"无论有多么困难，我们都应该找到自己内心深处真正需要的东西。甘愿迷失方向的人，他永远也走不出人生的十字路口；只有那些不愿随波逐流、不甘被陈规束缚的人，才有勇气和魄力解除捆绑自己身心的绳索，找到自己想做的事情，并从中享受幸福的感觉。

冲破世俗的罗网，冲破内心的矛盾，真实地做一次自由的选择吧。生活本没有那么多的拘束，只是你自己不愿意改变现状，甘于这种无奈而已。

做自己想做的事情，这就是人生！

当然，做自己想做的事情在一定程度上要取决于你是否具备该行业所要求的特长。

没有出色的音乐天赋，很难成为一名优秀的音乐教师；没有很强的动手能力，就很难在机械领域游刃有余；没有机智老练的经商头脑，也很难成为一名成功的商人。

但是，即使你具备某种特长，并不能保证你就一定能够成功。有些人具有非凡的音乐天赋，但是，他们一生却从未登上大雅之堂；有些人虽然手艺高超，却未能过上富裕的生活；有些人具有出色的人际交往和经商能力，但他们最终却是失败者。

在追求成功和致富的过程中，人所拥有的各种才能如同工具。好的工具固然必不可少，但是能否正确地使用工具同样非常重要。有人可以只用一把锋利的锯子、一把直角尺、一个很好的刨子做出一件漂亮的家具，也有人使用同样的工具却只能仿制出一件拙劣的产品，原因在于后者不懂得善用这些精良的工具。你虽然具备才能并把它们作为工具，但你必须在工作中善用它们，充分发挥其作用，方能天马行空，来去自由。

当然，如果你拥有某一个行业所需要的卓越才能，那么，你从事这个行业的工作，会比别人有更多的自由度。一般说来，处在能够发挥自己特长的行业里，你会干得更出色，因为你天生就适合干这一行。但是，这种说法具有一定的局限性。任何人都不应该认为，适合自己的职业只能受限于某些与生俱来的资质，无法做更多的选择。

做你想做的事，你将能获得最大的自由感。做你最擅长的事，并且勤奋地工作，当然这是最容易取得成功的。

如果你具有想做某件事情的强烈愿望，这本身就可以证明，你在这方面具有很强的能力或潜能。你所要做的，就是去正确地运用它，并且去巩固和发展它。

在其他所有条件相同的情况下，最好选择进入一个能够充分发挥自己特长的行业。但是，如果你对某个职业怀有强烈的愿望，那么，你应该遵循愿望的指引，选择这个职业作为你最终的职业目标。

做自己想做的事情，做最符合自己个性、令自己心情愉悦的事情，这是所有人的共同欲求。

谁都无权强迫你做自己不喜爱的事情，你也不应该去做这样的事情，除非它能帮助你最终获得自己所求的结果。

如果因为过去的失误，导致你进入了自己并不喜爱的行业，处在不如意的工作环境中，在这种情况下，你确实不得不做自己并不想做的事情。但是，目前的工作完全有可能帮助你最终获得自己喜爱的工作，认识到这一点，看到其中蕴藏的机遇，你就可以把从事眼下的工作变成一件同样令人愉悦的事情。

如果你觉得目前的工作不适合自己，请不要仓促换工作。通常说来，换行业或工作的最好方法，是在自身发展的过程中顺势而为，在现有的工作中寻找改变的机会。当然，如果一旦机会来临，在审慎的思考和判断后，就不要害怕进行突然的、彻底的变化。但是，如果你还在犹豫，还不能得出明确的判断，那么，等条件成熟了，自己觉得有把握了再行动。

你决定自己要成为的那个人

我们常说的"燕雀安知鸿鹄之志"的典故出于《史记·陈涉世家》。

陈胜是阳城人（今郑州登封）。他年轻时是个雇工，给人耕田种地，长年累月像牛马一样受苦受罪，心里很是不平。有一天，在耕地中途他忽然停下手来，走到田垄上，握拳作势，怅然愤恨了许久，然后对伙伴们说："要是将来谁富贵了，彼此都不要忘掉。"伙伴们笑着回他说："你是个雇佣耕田工，哪里会有什么富贵呢？"陈胜叹息道："唉，燕雀安知鸿鹄之志哉（燕子、麻雀这些小鸟哪里能理解大雁和天鹅的志向啊）？"这个故事表明了秦末农民起义领袖陈胜年少时就有像大鸟鹏程万里的远大志向。

所以说，确立远大的志向对于我们的人生具有重要的意义。志向作为一种价值目标，它能够激发人们的意志和激情，产生一种强大的精神动力，激励人们以积极、主动、顽强的精神投身于生活，对人生抱有积极向上的进取精神和乐观态度。

在我国历史上，那些人民英雄、民族英雄都是具有远大志向的人。

夏禹为了治水，九年在外，三过家门而不入。

秦国李冰父子为了解决成都盆地的洪涝灾害，带领百姓治水，克服了无数困难，建成了闻名于世的都江堰。

汉代的霍去病，为了国家的安宁，长期驻守在边关，坚持抵御匈奴的侵略，在戎马中度过了自己的一生。当击退了匈奴的入侵，汉武帝准备给他大盖府第以酬报他的功绩时，他却说："匈奴未灭，何以为家？"

　　南宋末年的文天祥曾说："人生自古谁无死，留取丹心照汗青。"

　　北宋的名将岳飞，离别妻母，转战疆场，为了挽救国家的危亡，最后和自己的儿子岳云一起被奸佞害死在风波亭上。

　　清代民族英雄林则徐，坚持抵御英殖民主义的侵略，直至被充军到新疆后，仍不灰心，一直没有忘记外国列强对我国的侵略，并在边疆和当地百姓一起修水利，栽葡萄，为人民造福。

　　志向，是人生前进的目标和导航的灯塔，是鼓舞人们去努力拼搏的动力。南宋哲学家朱熹说："大丈夫不可无气概"，"立志不坚，终不济事"。他在批评当时庸俗的社会风尚时，说道："今人贪利禄，而不贪道义，要做贵人，不做好人，皆是志不立之病。"北宋文学家苏轼指出："天下未有其志而无其事者，亦未有无其志而有其事者。事因志立，立志则事成。古之立大事者，不惟有超世之才，亦必有坚忍不拔之志。"

幸福来源于为成功而奋斗，而成功的首要前提是立志，立下远大而实际的志向。所以说，立志和人生的幸福是紧密联系的。每个人毕生都会思考这样一个问题：人生的价值是什么？如何生活才是幸福？其实，一个人只要树立了远大的志向，他就会把远大志向的实现，视为人生的价值和幸福。

戴尔·卡耐基认为，远大志向是对幸福的憧憬、向往和追求，幸福是远大志向的实现。志向的实现是令人神往的，是幸福的，而对志向的追求则能唤起人们的极大热忱，获得精神上的充实感，这本身也是一种幸福。所以，无数仁人志士为了追求和实现远大的奋斗目标，不畏艰难困苦，他们从来都不会放弃，从来都不会绝望，他们以苦为乐，对生活始终抱着极大的希望。而那些没有远大志向的人，终日浑浑噩噩地生活，白白地浪费自己的一生。在他们的生活中也许没有多大的痛苦，但他们也不会有真正的幸福。

立志就先学会收放心。一个人清心寡欲，矢志不渝，这是人心向上的最好状态。然而在当今时代，人心容易浮躁，容易受声色犬马的诱惑，东追西逐，不知所至。这样的追求不再是美好的，反而犹如发狂的牲口，放逐于名疆利场。

立志，当然不能立歪志。中国古代讲修齐治平就表现出传统文化对于志的基本要求，就是要利国、利民、利天下。我们立定志向要有所为，而有所不为。面对滔滔人海，我们不能人云亦云，不盲从，敢于相信真理，相信自己的志向。虽千万人，吾往矣，这才是真正的鸿鹄之志！

　　那些倒在失败与挫折中的人，不是没有志向，只是他们没有坚持志向；那些在潦倒中绝望的人，不是因为他的志向太小，要知道他们也曾立下鸿鹄之志，但如果没有坚持下去，无论再大的志向也只是一场幻想；而那些志向坚定的人，无论他们的志向是小是大，那也是真正的"鸿鹄之志"！

第二章

等来的是命运，
拼出来的才是人生

果断出手，莫对机会犹豫迟疑

　　令人筋疲力尽的并不是要做的事本身，而是事前事后患得患失的心态。一个失败者的最大特征就是顾虑再三，犹豫不决。

　　伟大的作家雨果说过："最擅长偷时间的小偷就是'迟疑'，它还会偷去你口袋中的金钱和成功。"虽然我们没有100%的把握保证每一次决定都能获得成功，但是现实的情况就是等待不如决断。所以，在机会转瞬即逝的当代社会，等待就意味着"放弃"，成功者宁愿"立即失败"，也不愿犹豫不决。SAP公司的CEO普拉特纳曾经说过这么一句话："我宁可做6个正确决定和4个错误决定，也不要犹豫等待。"

　　当恺撒大帝来到意大利的边境卢比孔河时，看似神圣而不可侵犯的卢比孔河使他的信心有所动摇。他想到，如果没有参议院的批准，任何一名将军都不允许侵略一个国家。此时他的选择只有两种——"要么毁灭我自己，要么毁灭我的国家"，最后他毅然做出

决定，喊着："不要惧怕死亡！"带头跳入了卢比孔河。就是因为这一时刻的决定，世界历史随之而改变。

所以，获得成功的最有力的办法，是迅速做出该怎么做一件事的决定。排除一切干扰因素，而且一旦做出决定，就不要再继续犹豫不决，以免我们的决定受到影响，有的时候犹豫就意味着失去。

有一个小男孩，一天在外面玩耍时，发现一只不会飞的小麻雀，决定把小麻雀带回家喂养，但是想起应该先和爸爸说一声，取得他的同意。于是他想了想，决定先去找爸爸。

爸爸一听就同意了，可是等小男孩回来的时候，一只黑猫正好把地上的麻雀叼走吃了。小男孩伤心不已，暗暗下定决心：只要是自己认定的事情，决不优柔寡断。后来这位小男孩成了电脑名人，他就是王安博士。

人生的道路上，许多机会都是转瞬即逝的。机会不会等人，如果犹豫不决，很可能会失去很多成功的机遇。

犹豫拖延的人没有必胜的信念，也不会有人信任他们。果断积极的人就不一样，他们是世界的主宰。放眼古今中外，能成大事者都是当机立断之人，他们快速做出决定，并迅速执行。

在确定圣彼得堡和莫斯科之间的铁路线时，总工程师尼古拉斯拿出了一把尺子，在起点和终点之间画了一条直线，然后用不容辩驳的语气斩钉截铁地宣布："你们必须这样铺设铁路。"于是，铁路线就这样轻而易举地确定了。

综观历史，成功者比别人果断，比别人迅速，更敢于冒险。因此，能把握更多的机会，所以往往成为成功者。实际上，一个人如果总是优柔寡断，犹豫不决，或者总在毫无意义地思考自己的选择，一旦有了新的情况就轻易改变自己的决定，这样的人成就不了任何事，只能羡慕别人的成功，在后悔中度过一生！

机会女神只青睐那些有准备的头脑

天下没有免费的午餐，机遇总是偏爱那些有准备的人。这两句话并不矛盾，所有的机会都是公平的，但并不表示所有人把握机会的概率是相同的，有准备的人自然是概率大很多。

在西方流传着这样一个故事：

许多年前，一位聪明的国王召集了一群聪明的臣子，给了他们一个任务："我要你们编一本各时代的智慧录，好流传给子孙。"这些聪明人离开国王后，工作了很长一段时间，最后完成了一部十二卷的巨作。

国王看了以后说："各位先生，我确信这是各时代的智慧结晶，然而，它太厚了，我怕人们不会读，把它浓缩一下吧。"这些聪明人又长期努力地工作，几经删减之后，完成了一卷书。然而，国王还是认为太长了，又命令他们再浓缩，这些聪明人把一卷书浓缩为一章，又浓缩为一页，然后减为一段，最后变为一句话。

国王看到这句话后，显得很得意。"各位先生，"他说，"这真是各时代智慧的结晶，并且各地的人一旦知道这个真理，我们大部分的问题就可以解决了。"

这句话就是："天下没有免费的午餐。"

第一个进入太空的中国人杨利伟，为什么那么幸运？听听他的话我们就能明白："现在我一闭上眼睛，座舱里所有仪表、开关的位置都能想得清清楚楚；随便说出舱里的一个设备名称，我马上可以想到它的颜色、位置、作用；操作时要求看的操作手册，我都能背诵下来，如果遇到特殊情况，我不看手册，也完全能处理好。"如果不是经过魔鬼训练的重重考验，他怎么能在众多的后备人选中把握住这个机会呢？

我们中国人做事讲究"天时、地利、人和"，充分的准备用现在的话来说，不外乎这些因素：

1. 创新意识

机遇是意外的、异常的，因而用常规方法抓住机遇是很困难的，这就需要有创新意识，能不断寻求新的对策和方法。

2. 判断力

在人们发现的机遇中，并不是每一个意外情况都有价值，都值得探索，都有成功的希望。这就需要准确判断，从各种机遇中抓住有希望的线索，抓住有价值、有潜在意义的线索。这一点对于确定是否进一步追究机遇所提供的线索有决定性意义。

3. 观察力

具有敏锐的观察力，才能及时捕捉到看起来微不足道的偶然事件。

4. 事业心

只有把自己的思想和行为与事业紧密相连的人，才有可能把机遇与发展事业、搞好工作联系起来，为了事业而刻意求索。头脑的准备，不仅是心理、意识的准备，而且还包括经验和知识的准备。因为处理机遇很难像一般事务那样有计划、有目的、有步骤，主要是凭自身的经验、知识的积累进行决策，因此你必须有丰富的经验、渊博的知识与合理的知识结构，这样，在机遇出现时，才能触类旁通，引起注意，努力思考，做出判断。现代社会竞争日趋激烈，一个机遇往往被几个人同时捕捉。在这种情况下，究竟谁能把捕捉到的机遇利用起来，这就要取决于实力的对比和竞争了。想要取得随机决策的成功，机会和实力两个条件缺一不可。"机遇只偏爱有准备的头脑"，这是一句早为人们所熟稔的名言，其中所包含的朴素真理一次次为实践所证实。要想牢牢抓住机遇，就为机遇的来临做好准备吧。

无限风光在险峰

并不是每一个机会都是带着桂冠来到我们身边的，有些机遇往往戴着危险面罩，然而很多只看表面就望而却步。那些善于思考的人，往往能变"危机"为"良机"。

据有关媒体报道，2009 年经济危机的影响全面来临。与 1873 年、1929 年的经济危机不同的是，1873 年只是美国国内的经济危机，1929 则是西方国家的经济危机，而 2009 年，是全球性的经济危机。

危机来临，股票狂跌、市场疲软、无数企业倒闭、工人失业、大学生就业困难，人们的生活陷入了混乱之中。但是，当危机肆虐的时候，难道我们就没有应对它的法宝了吗？答案是否定的。

从"危机"一词的组合中我们可以看出：危险中往往蕴藏着新的机会。那些善于思考的人，往往能变"危机"为"良机"。这里有三个故事，也许会给今天面临金融危机的我们一些启发：

第一个故事：

从前有一座名城最繁华的街市失火，火势迅猛蔓延，数以万计的房屋商铺顷刻化为废墟。有一位富商苦心经营了大半生的几间当铺和珠宝店，也恰在那条闹市中。火势越来越猛，他大半辈子的心血眼看毁于一旦，但是他并没有让伙计们冲进火海，舍命抢救珠宝财物，而是不慌不忙地指挥他们迅速撤离，一副听天由命的神态，令众人大惑不解。然后他不动声色地派人从家乡河流的沿岸平价购回大量木材、石灰。当这些材料像小山一样堆起来的时候，他又归于沉寂，整天逍遥自在，好像失火压根儿与他毫不相干。

大火烧了数十日之后被扑灭了，曾经车水马龙的城市，大半个城已经是墙倒房塌，一片狼藉。不几日，宫廷颁旨：重建这座城市，凡销售建筑用材者一律免税。于是城内一时大兴土木，建筑用材供不应求，价格陡涨。这个商人趁机抛售建材，获利颇丰，其数额远远大于被火灾焚毁的财产。

第二个故事：

有位经营肉食品的老板，在报纸上看到这么一则毫不起眼的消息：墨西哥发生类似瘟疫的流行病。他立即想到墨西哥瘟疫一旦流行起来，一定会传到美国，而与墨西哥相邻的两个州是美国肉食品的主要供应基地。

如果发生瘟疫，肉类食品供应必然紧张，肉价定会飞涨。于是他先派人去墨西哥探得真情后，立即调集大量资金购买大批菜牛和肉猪饲养起来。过了不久，墨西哥的瘟疫果然传到了美国这两个州，市场肉价立即飞涨。时机成熟了，他大量售出菜牛和肉猪，净赚百万美元。

第三个故事：

19世纪美国加州发现金矿的消息使得数百万人涌向那里淘金。17岁的小女孩雅木尔也加入了这个行列。一时间加州的淘金者面临着水源奇缺的威胁。人们大多数都没有淘到金，小雅木尔也未淘到金。可细心的小雅木尔却发现，远处的山上有水。她在山脚下挖开引渠，积水成塘，然后，她将水装进小桶里，每天跑几十里路卖水，不再去淘金，做没有成本的买卖，生意极好，可淘金者当中有不少人嘲笑她。许多年过去了，大部分淘金者空手而归，而雅木尔却获得了6700万美元，成为当时很富有的人。

任何危机都蕴藏着新的机会，这是一条颠扑不破的人生真理。很多时候看起来毫无价值的信息，在会思考的人心中就是一个好机会。受苦的人会把不幸当成人生的痛苦，而积极向上的人总是能把苦难当成自己飞得更高的财富。

挑战自我，多给自己一个机会

美西战争爆发之时，美国总统必须马上与古巴的起义军将领加西亚取得联络。加西亚在古巴的大山里——没有人知道他的确切位置，可美国总统必须尽快得到他的合作。

有什么办法呢？

有人对总统说："如果有人能够找到加西亚的话，那么这个人一定是罗文。"于是总统把罗文找来，交给他一封写给加西亚将军的信。至于罗文中尉如何拿了信，用油纸袋包装好，上了封，放在胸口藏好；如何坐了四天的船到达古巴，再经过三个星期，徒步穿过这个危机四伏的岛国，终于把那封信送给加西亚——这些细节都不重要。

重要的是，美国总统把一封写给加西亚的信交给罗文，罗文接过信之后并没有问："他在什么地方？"

像罗文中尉这样的人，值得拥有一尊塑像，放在所有的大学里。太多人所需要的不仅仅是从书本上学习来的知识，也不仅仅是他人的一些教诲，而是要铸就一种精神：积极主动、全力以赴地完成任务——"把信送给加西亚"。

阿尔伯特·哈伯德所写的《把信送给加西亚》一书首次发表是在 1899 年，随后就风靡了整个世界。不仅是因为每一个领导都喜欢罗文这样的下属，更因为每一个人都从心底佩服罗文，佩服这个主动挑战任务的人。现代企业，迫切需要罗文，需要具有责任心和自动自发精神的好员工！而我们的人生，也同样渴望罗文精神。

彼得和查理一起进入一家快餐店，当上了服务员。他俩的年龄一样，也拿着同样的薪水，可是工作时间不长，彼得就得到了老板的褒奖，很快被加薪，而查理仍然在原地踏步。面对查理和周围人士的牢骚与不解，老板让他们站在一旁，看看彼得是如何完成服务工作的。在冷饮柜台前，顾客走过来要一杯麦乳混合饮料。

彼得微笑着对顾客说："先生，你愿意在饮料中加入一个还是两个鸡蛋呢？"

顾客说："哦，一个就够了。"

这样快餐店就多卖出一个鸡蛋。在麦乳饮料中加一个鸡蛋通常是要额外收钱的。

看完彼得的工作后，经理说道："据我观察，我们大多数服务员是这样提问的：'先生，你愿意在你的饮料中加一个鸡蛋吗？'而这时顾客的回答通常是：'哦，不，谢谢。'对于一个能够在工作中主动解决问题、主动完善自身的员工，我没有理由不给他加薪。"

其实这个道理很简单：比别人多努力一些、多思考一些，就会拥有更多的机会。

对很多人来说，每天的工作可能是一种负担、一项不得不完成的任务，他们并没有做到工作所要求的那么多、那么好。对每一个企业和老板而言，他们需要的绝不是那种仅仅遵守纪律、循规蹈矩，却缺乏热情和责任感，不够积极主动、自动自发的人。

工作需要自动自发，而那些整天抱怨工作的人，是永远都不会"把信送给加西亚"的，他们或者出发前就胆怯了；或者遇到苦难而中途放弃；或者弄丢了这封重要的信，害怕惩罚而逃走；或者被敌人发现，背叛写信人。这样的人是非常狭隘的，他的人生又能有多广阔？

其实，我们每个人都可以把自己的目标当成一次"把信送给加西亚"的任务，这是一次挑战自己的机会，也是实现自我、突破自己的机会。

机遇没有彩排，只有直播

许多人坐等机会，希望好运从天而降，这些人往往难成大事。成功者积极准备，一旦机会降临，便能牢牢地把握。机遇对于每个人来说，没有彩排，只有直播，你没有把握住的话，只能等着自己出丑。

当机遇到来时，如果你没有提前为机会做好准备，就会将它习惯性地丢掉，与它失之交臂。这样说来，其实生活中不是机遇少，只是我们对机遇视而不见。

这就和许多发明创造一样，看起来是偶然，其实那些发现和发明并非偶然得来的，更不是什么灵机一动或运气极佳。事实上，在大多数情形下，这些在常人看来纯属偶然的事件，不过是从事该项研究的人长期苦思冥想的结果。

人们常常引用苹果砸在牛顿的脑袋上，导致他发现万有引力定律这一例子，来说明所谓纯粹偶然事件在发现中的巨大作用。但人们却忽视了，多年来，牛顿一直在为重力问题苦苦思索、研究这一现象的艰辛过程。苹果落地这一常见的日常生活现象之所以为常人所不在意，而能激起牛顿对重力问题的理解，能激起他灵感的火花并进一步做出异常深刻的解释，这是因为牛顿对重力问题有深刻的理解的结果，并不是单纯依赖于偶然。生活中，成千上万个苹果从树上掉下来，却很少有人能像牛顿那样引发出深刻的定律出来。

同样，从普通烟斗里冒出来的五光十色像肥皂泡一样的小泡泡，这在常人眼里就跟空气一样普通，但正是这一现象使杨格博士创立了著名的光干扰原理，并由此发现了光衍射现象。

人们总认为伟大的发明家总是论及一些十分伟大的事件或奥秘，其实像牛顿和杨格以及其他许多科学家，他们都是研究一些极普通的现象。他们的过人之处在于能从这些人所共见的普遍现象中揭示其内在的、本质的联系，而这些都是凭着他们的全力以赴钻研得来的。只有这样为机遇做好了充分的准备，才能发现机遇，进而更好地抓住机遇。

所罗门说过："智者的眼睛长在头上，而愚者的眼睛是长在脊背上的。"心灵比眼睛看到的东西更多。有些人走上成功之路，不乏来自偶然的机遇。然而就他们本身来说，他们确实具备了获得成功机遇的才能，所以在机遇到来时才能抓住。

好运气更偏爱那些努力工作的人。没有充分的准备和大量的汗水，机会就会眼睁睁地从身边溜走。对于机遇，它意味着需要你忍受着无法忍受的艰苦和穷困，以及献身工作的漫漫长夜。只有为所从事的工作有充分的准备时，机会才会来临。

拿破仑·希尔说过，任何人只要能够定下一个明确的目标，坚守这个目标，时时刻刻把这个目标记在心中，再坚持行动，那么，必然会获得意想不到的结果。

在日常生活中，常常会发生各种各样的事，有些事使人大吃一惊，有些事却毫无惊人之处。一般而言，使人大吃一惊的事会使人倍加关注，而平淡无奇的事往往不被人所注意，但它却可能包含着重要的意义。一个有敏锐洞察力的人，他会独具慧眼，留心周围小事的重要意义。人们也不能把目光完全局限于"小事"上，而是要"小中见大""见微知著"。只有这样，才能有更多发现机遇的机会。

我们应当随时为机遇做好热身，努力向着自己的目标奋斗，为目标准备，才能够在机会来临的时候大显身手，否则在机会来临的时候自己手忙脚乱，或者不知所措，只能让机会白白地从身边溜走。人不能躺在那里等待机遇，只有事先做好充分的准备，在机遇来临时才有可能抓住机遇，获得成功。

躺着思想，不如站起来行动

成功地将一个好主意付诸实践，比在家里空想出 1000 个好主意要有价值得多。没有行动，再远大的目标只是目标，再完美的设想也仅仅是设想，要想使其变为现实，必须付出行动。

临渊羡鱼，不如退而结网。与其羡慕幻想，不如马上行动。有条件不做等于没有条件，没有条件可以在做的过程中创造条件。想法只有化作行动，才有达成愿望的可能，否则想法永远是想法。

想到了就去做，人的潜能是无法预测的。只要有了好的想法，然后立即行动，相信谁都可以成功，关键看你是否将想法付诸行动，是否能走出空想阶段。

从前有两个和尚，一个很有钱，每天过着舒舒服服的日子；另一个很穷，每天除了念经时间外，就得到外面去化缘，日子过得非常清苦。

有一天，穷和尚对有钱的和尚说："我很想去拜佛，求取佛经，你看如何啊？"

有钱的和尚说："路途那么遥远，你怎么去？"

穷和尚说："我只要一个钵、一个水瓶、两条腿就够了。"

有钱的和尚听了哈哈大笑，对穷和尚说："我想去也想了好几年，一直没成行的原因就是旅费不够。我的条件比你好，我都去不成，你又怎么去得了？"

然而，过了一年，穷和尚平安回来了，还带了一本佛经送给了有钱的和尚。有钱的和尚看他果真实现了愿望，惭愧得面红耳赤，一句话也说不出来。

我们并不能在行动之前把所有可能遇到的问题统统消除，但是我们可以在行动中克服各种困难。

正因为有不少人总想着等到有100%把握了才行动，反而陷入了行动前的永远等待中。有的人甚至连一个小小的愿望都要等到所有条件都满足后才开始行动。你不可能等到所有条件都成熟后再行动。如果是那样，恐怕也就错过最佳的时机了。

正因为如此，很多人一辈子干不成一件事情，永远处于等待中。只有那些想到就马上动起来的人，才是真正能改变现状的人。

"想到就去做"这好像是一句广告词。说起来，人人皆知，可又有几个人能真的"想到就去做"呢？

美国成功学家格林演讲时，曾不止一次地对听众开玩笑说，全球最大的航空速递公司——联邦快递（FedEx）其实是他构想的。

格林没说假话，他的确曾有过这个主意。20 世纪 60 年代格林刚刚起步，在全美为公司做中介工作，每天都在为如何将文件在限定时间内送往其他城市而苦恼。

当时，格林曾经想到，如果有人开办一个能够将重要文件在 24 小时之内送到任何目的地的服务，该有多好！

这想法在他脑海中停留了好几年，他也一直经常和人谈起这个构想，遗憾的是，他没有采取行动，直到一个名叫弗列德·史密斯的人（联邦快递的创始人）真的把它转换为实际行动。从而，格林也就与开创事业的大好机会擦身而过了。

格林用自己的故事现身说法：

成功地将一个好主意付诸实践，比在家里空想出 1000 个好主意要有价值得多。没有行动，再远大的目标只是目标，再完美的设想也仅仅是设想，要想使其变为现实，必须付出行动。

可见，行动才是最终决定力量，无论你的计划多么详尽、语言多么动听，你不开始行动，就永远无法达到目标。在一生中，我们有着种种计划，若能够将一切憧憬都抓住，将一切计划都执行，那么，事业上所取得的成就将是多么伟大！

吃得苦中苦，方为人上人

可以这样说，人生的痛苦永远多于快乐。一个人的降生就意味着痛苦的开始，而一个人生命的结束，则是痛苦的终结。人的一生，就是不断地与痛苦抗争的过程。人生的意义，就在于从与痛苦的抗争中寻找少许的欢乐。

现在，很多人活得很累，过得也不快乐。其实，人只要生活在这个世界上，就有很多烦恼。痛苦或是快乐，取决于你的内心。人不是战胜痛苦的强者，便是屈服于痛苦的弱者。再重的担子，笑着也是挑，哭着也是挑。再不顺的生活，微笑着撑过去了，就是胜利。

人生没有痛苦，就会不堪一击。正是因为有痛苦，所以成功才那么美丽动人；因为有灾患，所以欢乐才那么令人喜悦；因为有饥饿，所以佳肴才让人觉得那么甜美。正是因为有痛苦的存在，才能激发我们人生的力量，使我们的意志更加坚强。

瓜熟才能蒂落，水到才能渠成。和飞蛾一样，人的成长必须经历痛苦挣扎，直到双翅强壮后，才可以振翅高飞。

人生若没有苦难，我们会骄傲；没有挫折，成功不再有喜悦，更得不到成就感；没有沧桑，我们不会有同情心。因此，不要幻想生活总是那么圆满，生活的四季不可能只有春天。每个人的一生都注定要跋涉沟沟坎坎，品尝苦涩与无奈，经历挫折和失意。对于每个人来说，痛苦，都是人生必须经历的一课。

因此，在漫长的人生旅途中，苦难并不可怕，受挫折也无须忧伤。只要心中的信念没有萎缩，你的人生旅途就不会中断。艰难险阻是人生对你另一种形式的馈赠，坑坑洼洼也是对你意志的磨炼和考验——大海如果缺少了汹涌的巨浪，就会失去其雄浑；沙漠如果缺少了狂舞的飞沙，就会失去其壮观；如果维纳斯没有断臂，那么就不会因为残缺美而闻名天下。生活如果都是两点一线般地顺利，就会如白开水一样平淡无味。只有酸甜苦辣咸五味俱全才是生活的全部，只有悲喜哀痛七情六欲全部经历才算是完整的人生……

所以，你要从现在开始，微笑着面对生活，不要抱怨生活给了你太多的磨难，不要抱怨生活中有太多的曲折，更不要抱怨生活中存在的不公。当你走过世间的繁华与喧嚣，阅尽世事，你会明白：痛苦，是人生必须经历的过程！

第二章

你只需努力，剩下的交给时光

你只需努力，剩下的交给时光

没有人注定不幸，你绝对不比其他人更不幸。不要因为没有鞋子而哭泣，看看那些没有脚的人吧！绝对不要把自己想象成最不幸的人，否则，你就真正成了最不幸的人。

据说，世界上只有两种动物能达到金字塔顶：一种是老鹰，还有一种就是蜗牛。

老鹰和蜗牛，它们是如此不同：鹰矫健凶狠，蜗牛弱小迟钝。鹰性情残忍，捕食猎物甚至吃掉同类从不迟疑。蜗牛善良，从不伤害任何生命。鹰有一对飞翔的翅膀，而蜗牛背着一个厚重的壳。它们从出生就注定了一个在天空翱翔，一个在地上爬行，是完全不同的动物，唯一相同的是它们都能到达金字塔顶。

鹰能到达金字塔顶，归功于它有一双善飞的翅膀。也因为这双翅膀，鹰成为最凶猛、生命力最强的动物之一。与鹰不同，蜗牛能到达金字塔顶，主观上是靠它永不停息的执着精神。虽然爬行极其缓慢，但是每天坚持不懈，蜗牛总能登上金字塔顶。

我们中间的大多数人都是蜗牛，只有一小部分能拥有优秀的先天条件，成为鹰。但是先天的不足，并不能成为自暴自弃的理由。因为，没有人注定命中不幸。要知道，在攀登的过程中，蜗牛的壳和鹰的翅膀，起的是同样的作用。可惜，生活中，大多数人只羡慕鹰的翅膀，很少在意蜗牛的壳。所以，我们处于人生低谷时，无须心情浮躁，更不应该抱怨颓废，而应该静下心来，学习蜗牛，每天进步一点点，总有一天，你也能登上成功的"金字塔"。

高尔基早年生活十分艰难，3岁丧父，母亲早早改嫁。在外祖父家，他遭受了很大的折磨。外祖父是一个贪婪、残暴的老头儿。他把对女婿的仇恨统统发泄到高尔基身上，动不动就责骂毒打他。更可恶的是，他那两个舅舅经常侮辱这个幼小的外甥，使高尔基在心灵上过早地领略了人间的丑恶。只有慈爱的外祖母是高尔基唯一的保护人，她真诚地爱着这个可怜的小外孙，每当他遭到毒打时，外祖母总是搂着他一起流泪。

高尔基在《童年》中叙述了他苦难的童年生活。在 19 岁那年，高尔基突然得到一个消息：他最为慈爱的、唯一的亲人外祖母，在乞讨时跌断了双腿，因无钱医治，伤口长满了蛆虫，最后惨死在荒郊野外。

外祖母是高尔基在人世间唯一的安慰。这位老人劳苦一辈子，受尽了屈辱和不幸，最后竟这样惨死。这个噩耗几乎把高尔基击懵了。他不由得放声痛哭，几天茶饭不进。每当夜晚，他独自坐在教堂的广场上呜咽流泪，为不幸的外祖母祈祷。1887 年 12 月 12 日，高尔基觉得活在人间已没有什么意义。这个悲伤到极点的青年，从市场上买了一支旧手枪，对着自己的胸膛开了一枪。但是，他还是被医生救活了。后来，他终于战胜了各种各样的灾难，成为世界著名的大文豪。

你要明白，没有人命定不幸。你的困难、挫折、失败，其他人同样可能遇到，而其他人遇到的更大的困难、挫折、失败，你却没有遇到，你绝对不比其他人更不幸。不要因为没有鞋子而哭泣，看看那些没有脚的人吧！绝对不要把自己想象成最不幸的，否则，那你真正成了最不幸的人。要知道，没有什么困难能够打垮你，唯一能够打垮你的就是你自己，那就是你把自己看作是最不幸的。

　　许多人常常把自己看作是最不幸的、最苦的，实际上许多人更苦难，大小苦难都是生活所必须经历的。苦难再大也不能丧失生活的信心与勇气。与许多伟大的人物所遭受的苦难相比，我们个人所遭到的困难又算得了什么。名人之所以成为名人，大都是由于他们在人生的道路上能够承受住一般人所无法承受的种种磨难。他们面对事业上的不顺、情场上的失意、身体上的疾病、家庭生活中的困苦与不幸，以及各种心怀恶意的小人的诽谤与陷害，没有沮丧，没有退缩，而是咬紧牙关，擦净那饱受创伤的心所流出的殷红的鲜血和悲愤的泪水，奋力抗争，不懈地拼搏，用自己惊人的毅力和不屈的奋斗精神，为人类的文明和社会的进步做出了卓越的贡献，从而成为风靡世界的名人。

　　人生需要的不是抱怨、自怜，而是扎扎实实、艰苦地奋斗。人是为幸福而活着的，为了幸福，苦难是完全可以接受的。

　　人生的苦难与幸福是分不开的。人类的幸福是人们通过长期不懈的努力而逐步得到的，这其中要经历各种苦难，这正像人们常讲的，幸福是由血汗造就的。有些人太单纯、太简单了，他们只要幸福而不要苦难。切记，拒绝苦难的人，就不可能拥有幸福。

把工作当作幸福和快乐的源泉

　　你要是在生活中找不到快乐，就绝不可能在任何地方找到它。寻找生活中的乐趣，可以将你的心思从忧虑上移开，让你的生活变得更加简单和舒适，甚至可以给你带来意外的惊喜。即使不这样，也可以把疲劳减至最少，并帮你享受自己的闲暇时光。

　　有位英国记者到南美的一个部落采访。这天是个集市日，当地土著人都拿着自己的物产到集市上交易。这位英国记者看见一个老太太在卖柠檬，5美分一个。

老太太的生意显然并不好，一上午也没卖出去几个。这位记者动了恻隐之心，打算把老太太的柠檬全部买下来，以便使她能"高高兴兴地早些回家"。

当他把自己的想法告诉老太太的时候，她的话却使记者大吃一惊："都卖给你？那我下午卖什么？"

人生最大的价值，就是体会生活的乐趣。爱迪生说："在我的一生中，从未感觉是在工作，一切都是对我的安慰……"然而，在职场中，像卖柠檬的老太太那样，对自己所从事的事业充满热情的人并不是太多，他们看不到生活的乐趣，只看到了生活中痛苦的一面。早上一醒来，头脑里想的第一件事就是：痛苦的一天又开始了……磨磨蹭蹭地挪到公司以后，无精打采地开始一天的工作，好不容易熬到下班，立刻又高兴起来，和朋友花天酒地之时总不忘诉说自己的工作有多乏味，有多无聊。如此周而复始，心情又怎会好起来呢？

工作是一个人幸福和快乐的源泉。卡尔文·库基说过："真正的快乐不是无忧无虑，不只是享受，这样的快乐是短暂的。缺少一份充满魅力的工作，你就无法领略到真正的快乐和幸福。"然而，现实中能领略到工作中的幸福和快乐的人却寥寥无几。

工作是一个人价值的体现，应该是一种幸福的差事，我们有什么理由把它当作苦役呢？有些人抱怨工作本身太枯燥，然而，问题往往不是出在工作上，而是出在我们自己身上。如果你能够积极地对待自己的工作，并努力从工作中发掘出自身的价值，你就会像上文中的老太太一样，发现工作是一件非做不可的乐事，而不是一种惹人烦恼的苦役。

有本叫作《栽种希望，培育幸福的人》的书，书中有个法国人，他独自生活在法国东南部一块荒凉的土地上。他的生活很简单：每天都出去种树。

一年又一年，他不辞辛劳，就这样一粒粒地播种、栽树。

树开始长成森林，保存住了土壤里的水分，于是其他的植物也能够生长了，鸟儿们可以在这里筑巢了，小溪可以流淌了，这里又成了适合人类居住的绿洲。

临终前，他用自己的辛勤劳作，完全改变和恢复了他生活的地区的自然环境。原来逃离那里的人，又重新搬了回来，幸福地生活在这片土地上。

这是一个关于工作的意义和快乐的故事：每天努力工作，为自己也为他人栽种希望，培育幸福。我们从事的工作可能简单而普通，但可以为我们带来无尽的快乐和价值感。

曾经在美国费城的大楼上立起第一根避雷针、有着"第二个普罗米修斯"之称的富兰克林，说过这样一句话："我读书多，骑马少，做别人的事多，做自己的事少。最终的时刻终将来临，到那时我但愿听到这样的话'他活着对大家有益'，而不是'他死时很富有'。"

挫折是走向成功的阶梯

成长其实就是不断战胜挫折的一个过程。经历过挫折的生命，便是那绚丽无比的彩虹。

城里的儿子回农村老家，发现自家玉米地里玉米长得很矮，地已干旱，可周围其他地里的苗子已长得很高。当儿子买了化肥、挑起粪桶准备浇地时，却被父亲阻止了。父亲说，这叫控苗。玉米才发芽的时候，要旱上一段时间，让它深扎根，以后才能长得旺，才能抵御大风大雨。过了个把月，一个狂风骤雨的日子，儿子果然看到除了自家地里的玉米安然无恙外，别人都在地里扶刮倒了的玉米。

种玉米的故事，似乎亦告诉我们同样的人生道理：年轻时苦一点，受一点挫折，没关系，它只会让人多一点阅历，长一点见识，并因此而坚强起来，因此而获取成功。

在生活中，挫折是不可避免的。但是，只要我们正确地看待挫折，敢于面对挫折，在挫折面前无所畏惧，克服自身的缺点，在困难面前不低头，那么，顽强的精神力量就可以征服一切。不是吗？曾任美国总统的林肯一生中就遭遇过无数次失败和打击，然而他英勇卓绝，败而不馁，不正是因为这惊人的顽强毅力才使他走上光辉大道吗？

不经历风雨，怎能见彩虹。的确，人生需要挫折。当挫折向你微笑，此刻你就会明白：挫折孕育着成功。

有一位穷困潦倒的年轻人，身上全部的钱加起来也不够买一件像样的西服。但他仍全心全意地坚持着自己心中的梦想——他想做演员，当电影明星。

好莱坞当时共有500家电影公司，他根据自己仔细划定的路线与排列好的名单顺序，带着为自己量身定做的剧本一一前去拜访。但第一遍拜访下来，500家电影公司没有一家愿意聘用他。

面对无情的拒绝，他没有灰心，从最后一家电影公司出来之后不久，他就又从第一家开始了他的第二轮拜访与自我推荐。

第二轮拜访也以失败而告终。第三轮的拜访结果仍与第二轮相同。

但这位年轻人没有放弃，不久后又咬牙开始了他的第四轮拜访。当拜访第 350 家电影公司时，这里的老板竟破天荒地答应让他留下剧本先看一看，他欣喜若狂。

几天后，他获得通知，请他前去详细商谈。就在这次商谈中，这家公司决定投资开拍这部电影，并请他担任自己所写剧本中的男主角。

不久这部电影问世了，名叫《洛奇》。这个年轻人就是好莱坞著名演员史泰龙。

面对 1850 次的拒绝，所需要的勇气是我们难以想象的。但正是这种勇敢，这种不轻言放弃的精神，这种对自己理想的执着追求，让故事中的年轻人的梦想得到了实现。在我们实现梦想的路途中，也会不可避免地遭遇到种种挫折，让我们用执着为自己导航，坚定地树起乘风破浪的风帆，坚信终有一天成功的海岸线会在我们眼里出现。

挫折是一座大山，想看到大海就得爬过它；挫折是一片沙漠，想见到绿洲就得走出它；挫折还是一道海峡，想见到大陆就得游过它。

挫折是可怕的，但却是人生，是成长不可缺少的基石。

挫折是会给人带来伤害，但它还给我们带来了成长的经验。被开水烫过的小孩子是绝不会再将稚嫩的小手伸进开水里的。即使他再顽皮，他也会记得开水带来的伤痛。被刀子割破了手指的小孩子是绝不会再肆无忌惮地拿着刀子玩耍的，因为他知道刀子很危险。孩子们经历了挫折，但他们换来了成长的经验。这不正是我们所说的"坏事变好事"吗？

有位名人说过："勇者视挫折为走向成功的阶梯，弱者视之为绊脚石。"上天之所以要制造这么多的挫折，就是为了让你在挫折中成长。当你战胜种种挫折，蓦然回首时，你就会惊喜地发现，你成熟了。

你必须很努力，才能看起来毫不费力

勤奋能塑造卓越的伟人，也能创造最好的自己。大凡有作为的人，无一不与勤奋有着深厚的缘分。

古人说得好："一勤天下无难事。"勤奋能塑造卓越的伟人，也能创造最好的自己。爱因斯坦曾经说过："在天才和勤奋之间，我毫不迟疑地选择勤奋，她几乎是世界上一切成就的催化剂。"高尔基还有这么一句话："天才出于勤奋。"卡莱尔更激励我们说："天才就是无止境刻苦勤奋的能力。"

大凡有作为的人，无一不与勤奋有着深厚的缘分。古今中外著名的思想家、科学家、艺术家，他们无不是勤奋耕作走向成功的典型。

1601 年的一个傍晚，丹麦天文学家第谷·布拉赫卧在床上，生命已经垂危。他的学生德国天文学家开普勒坐在一张矮凳上，倾听着老师临终的话："我一生以观察星辰为工作，我的目标是1000 颗星，现在我只观察到 750 颗星。我把我的一切底稿都交给你，你把我的观察结果出版出来……你不会让我失望吧？"

开普勒静静地坐着，点了点头，眼泪从脸颊上流下来。

为了不辜负老师的嘱托，开普勒开始勤奋工作。但是他的继承引起了布拉赫亲戚们的妒忌，不久，他们合伙把作为遗产的底稿全部收了回去。无情的挫折没能使开普勒屈服，他日夜牢记着老师的托付"我的目标是 1000 颗星"。开普勒顽强地进行实地观测，每天只睡几个小时，吃住都在望远镜边，开始了枯燥单调的天文工作。751，752，753……20多年过去了，终于在1627年，开普勒实现了老师的遗愿。

天才出自勤奋，伟大来自平凡的努力，没有人能随随便便成功。没有细致耐心的勤奋工作，也不会有大的成就。

所谓勤，就是要人们善于珍惜时间，勤于学习，勤于思考，勤于探索，勤于实践，勤于总结。看古今中外，凡有建树者，在其历史的每一页上，无不都用辛勤的汗水写着一个闪光的大字——"勤"。

德国伟大的诗人、小说家和戏剧家歌德，前后花了58年的时间，搜集了大量的材料，写出了对世界文学和思想界产生很大影响的诗剧《浮士德》；

马克思写《资本论》，辛勤劳动，艰苦奋斗了40年，阅读了数量惊人的书籍和刊物，其中做过笔记的就有1500种以上；

我国著名的数学家陈景润，在攀登数学高峰的道路上，翻阅了国内外相关的上千本资料，通宵达旦地看书学习，取得了震惊世界的成就。

记得有人说过："天才之所以能成为天才，只不过是因为他们比一般人更专注更勤奋罢了。"的确，没有人能只依靠天分成功。上天只能给人天分，只有勤奋才能将天分变为天才。

任何一项成就的取得，都是与勤奋分不开的，古今中外，概莫能外。伟大的成功和辛勤的劳动是成正比的，有一分劳动就有一分收获，日积月累，从少到多，奇迹就可以创造出来。

无论多么美好的东西，人们只有付出相应的劳动和汗水，才能懂得这美好的东西是多么来之不易，因而愈加珍惜它。这样，人们才能从这种"拥有"中享受到快乐和幸福。

如果能试着按下面的方法去做，你就能变得勤奋，你的努力也会更加有效：

（1）要做一些自己喜欢的事情；学会自己做决定，哪怕是已定的事情也要学着自己决定一下；从小事开始，先做一些有把握成功的事情；把激发自己热情的事情记录下来；珍惜生命；鼓励自己，和热情的人在一起。

（2）会休息的人才会工作。充分休息，自我放松，培养愉快的心情。在积极的心态下行动，才能事半功倍。

（3）做一个详细具体的规划，让自己的工作有计划、有规律，然后努力把眼前的事情做好。

（4）只顾忙碌而不注重效率也不行，所以要做好时间管理，让自己的努力更有效率。

（5）绝不拖延，只有这样，才能养成今日事今日毕的好习惯。长此以往，便可拥有可贵的品质——勤奋。

青春的使命不是"竞争"，而是"成长"

生活中很多东西是难以把握的，但是成长是可以把握的。也许我们再努力也成为不了刘翔，但我们仍然能享受奔跑。可能会有人妨碍你的成功，却没人能阻止你的成长。换句话说，这一辈子你可以不成功，但是不能不成长。

人生旅途中，似乎不总是那么一帆风顺、如愿如期，总有一些或多或少的困难与挫折，家家有本难念的经！既然上天给了我们一次锻炼与考验的机会，那我们又何必那么畏葸，畏首畏尾，退避三舍呢？与其在那儿蜷缩手脚、闷闷不乐，倒不如在逆境中顽强拼搏，急流勇退。或许我们能改变现状，毕竟是"山重水复疑无路，柳暗花明又一村"，天无绝人之路。当老天为你关闭这扇窗，必定也为你打开了另一扇窗，只是你缺少睿智的眼睛。

一位父亲很为他的孩子苦恼。因为他的儿子已经十五六岁了，可是一点男子气概都没有。于是，父亲去拜访一位禅师，请他训练自己的孩子。

禅师说："你把孩子留在我这边，3个月以后，我一定可以把他训练成真正的男人。不过，这3个月里面，你不可以来看他。"父亲同意了。

3个月后，父亲来接孩子。禅师安排孩子和一个空手道教练进行一场比赛，以展示这3个月的训练成果。

教练一出手，孩子便应声倒地。他站起来继续迎接挑战，但马上又被打倒，他就又站起来……就这样来来回回一共16次。

禅师问父亲："你觉得你孩子的表现够不够男子气概？"

父亲说："我简直羞愧死了！想不到我送他来这里受训3个月，看到的结果是他这么不经打，被人一打就倒。"

禅师说："我很遗憾你只看到表面的胜负。你有没有看到你儿子那种倒下去立刻又站起来的勇气和毅力呢？这才是真正的男子气概啊！"

不断地倒下，再不断地爬起，正是在这种磕磕碰碰中我们得到了成长。故事中男子汉的气概并不是表现在我们跌倒的次数比别人少，而是在于，每次跌倒后，我们都有爬起来再次面对困难的勇气和不达目的誓不罢休的毅力。

每个人都在成长，这种成长是一个不断发展的动态过程。也许你在某种场合和时期达到了一种平衡，而平衡是短暂的，可能瞬间即逝，不断被打破。成长是无止境的，生活中很多东西是难以把握的，但是成长是可以把握的，这是对自己的承诺。

抑郁症、躁郁症正威胁着现代人，仍有许多人无法坦然面对。但有谁想得到，曾两度夺得香港电影金像奖最佳导演的尔冬升原来也曾受抑郁症的折磨。不过，他就是从那时开始才学会成长，从而一步步走向成熟，拍出了《旺角黑夜》这样成功的电影。

面对激烈的竞争、种种挑战和痛苦，我们唯一能做的就是迅速充实自己，成长起来，只有这样，才不会被困难和挑战击倒。

在逆境中学会成长，姑且看成是上天对我们"特别"的关怀，对我们的怜悯与施舍，我们也应做出成绩，做出榜样。在逆境中提升人格的力量，磨砺性格的力量，增强信念的力量，最后交织融合，升华自己生命的力量。

逆境不但不会把人打倒与压垮，反而能让人的潜能最大限度地迸发出来，创造出乎预料的奇迹。"文王拘而演《周易》；仲尼厄而作《春秋》；

屈原放逐，乃赋《离骚》；左丘失明，厥有《国语》；孙子膑脚，兵法修列；不韦迁蜀，世传《吕览》；韩非囚秦，《说难》《孤愤》；《诗》三百篇，大抵圣贤发愤之所作也。"张海迪、霍金……他们都是在困难挫折面前，顽强奋发，自力更生，最终战胜磨难，实现了个人的价值。是啊！不经历风雨怎能见彩虹，"不经一番寒彻骨，哪得梅花扑鼻香"。逆境在某种程度上能造就我们的成功。

允许自己犯错，学会在逆境中成长，我们的羽翼会更加丰满，便能飞向天涯海角；我们的心胸会更加宽广，便能容纳百川，吸吮万千；我们的双臂会更加结实与厚重，便能承载千山万水、艰难险阻。

真正的强者，不是没有眼泪的人，而是含着眼泪奔跑的人

人生常常浸泡在痛与苦中。一次次心痛，一道道伤痕，一遍遍泪水，洗不去人生的尘埃，抹杀不了命运中的艰辛。何必跟自己过不去，放平自己的心，搁浅自己的梦，把希望打折，把生命烘干，学会在艰难的日子里苦中寻乐！

托尔斯泰在他的散文名篇《我的忏悔》中曾经讲了这样一个有深刻含义的寓言故事：

一个男人被一只老虎追赶而掉下悬崖，庆幸的是他在跌落的过程中抓住了一棵生长在悬崖边的小灌木。

此时，他才发现，头顶上，那只老虎正虎视眈眈，低头一看，悬崖底下还有一只老虎，更糟的是，两只老鼠正忙着啃咬悬着他生命的小灌木的根须。

绝望中，他突然发现附近生长着一簇野草莓，伸手可及。于是，他拽下野草莓，塞进嘴里，自语道："多甜啊！"

生命进程中，当痛苦、绝望、不幸和畏难向你逼近的时候，你是否也能顾及享受一下野草莓的味道？人生一世，能够快快乐乐开开心心过一生，相信这是每个人心中的一个梦。

然而，尼采却说："人生就是一场苦难。"的确，谁都无法让我们"心想事成，无忧无虑"地过一辈子，唯有"把黄连当哨吹——苦中作乐"，才能战胜忧愁，享受快乐。

戴维是饭店经理，他的心情总是很好。当有人问他近况如何时，他回答："我快乐无比。"

如果哪位同事心情不好，他就会告诉对方怎么去看事物好的一面。他说："每天早上，我一醒来就对自己说，戴维，你今天有两种选择，你可以选择心情愉快，也可以选择心情不好，我选择心情愉快。每次有坏事发生，我可以选择成为一个受害者，也可以先去面对各种处境。归根结底，你自己选择如何面对人生。"

有一天，戴维被三个持枪的歹徒拦住了。

歹徒朝他开枪。幸运的是发现较早，戴维被送进急诊室。经过18个小时的抢救和几个星期的精心治疗，戴维出院了，只是仍有小部分弹片留在他体内。

6个月后，戴维的一位朋友见到他。朋友问他近况如何，他说："我快乐无比。想不想看看我的伤疤？"

朋友看了伤疤，然后问他当时想了些什么。戴维答道："当我躺在地上时，我对自己说有两个选择：一是死，一是活。我选择活。医护人员都很好，他们告诉我，我会死的。但在他们把我推进急诊室后，我从他们的眼神中读到了'他是个死人'。我知道我需要采取一些行动。"

"那么，你采取了什么行动？"朋友问。

戴维说："有个护士大声问我对什么东西过敏。我马上答道：'有的。'这时所有的医生、护士都停下来等我说下去。我深深吸了一口气，然后大声吼道：'子弹！'在一片大笑声中，我又说道：'请把我当活人来医，而不是死人。'。"

戴维就这样活下来了。

英国作家萨克雷有句名言："生活是一面镜子，你对它笑，它就对你笑；你对它哭，它也对你哭。"如果你把自己看成弱者、失败者，你将郁郁寡欢；如果你将自己看成强者，你将快乐无比。你可以快乐，只要你希望自己快乐。

古人讲："不知生，焉知死？"不知苦痛，怎能体会到快乐？痛苦就像一枚青青的橄榄，品尝后才知其甘甜。品尝橄榄容易，品尝生活中的痛苦，这需要勇气！

你需要奔跑的最重要理由，就是为了自己的幸福

有些人打牌，总想着等到合适的时候再出好牌，但却发现与事实屡屡不符，等到别人都出完手中的牌了，才发现自己的好牌都攥在手里，没派上用场。

一位成功学大师这样评价行动和知识：行动才是力量，知识只是潜在的能量；不积极行动，知识将毫无用处。要克服任何障碍，都离不开行动，也只有行动才能够让梦想照进现实。

从前，有两个朋友，相伴一起去遥远的地方寻找人生的幸福和快乐，一路上风餐露宿，在即将到达目标的时候，遇到了一条风急浪高的大河，而河的彼岸就是幸福和快乐的天堂。

关于如何渡过这条河，两个人产生了不同的意见，一个建议采伐附近的树木造成一条木船渡过河去，另一个则认为无论哪种

办法都不可能渡这条河，与其自寻烦恼和死路，不如等这条河流干了，再轻轻松松地过去，两个人的意见无法统一。

于是，建议造船的人每天砍伐树木，辛苦而积极地制造船只，并顺带着学会游泳，而另一个则每天躺下休息睡觉，然后到河边观察河水流干了没有。直到有一天，已经造好船的朋友准备扬帆的时候，另一个朋友还在讥笑他的愚蠢。

不过，造船的朋友并不生气，临走前只对他的朋友说了一句话："去做一件事不一定都成功，但不去做则一定没有机会成功！"

能想到等到河水流干了再过河，这确实是一个"伟大"的创意，可惜的是，这仅仅是个注定永远失败的"伟大"创意而已。

这条大河终究没有干枯掉，而那位造船的朋友经过一番风浪也最终到达了彼岸。

只有行动才会产生结果，行动是成功的保证。任何伟大的目标、伟大的计划，最终必然要落实到行动上。不肯行动的人只是在做白日梦，这种人不是懒汉就是懦夫，他们终将一事无成。

古希腊格言讲得好："要种树，最好的时间是 10 年前，其次是现在。"同样，要成为赢家，最好的时间是 3 年前，其次是现在。

要成为人生牌局的赢家，就应该尽早地迈出自己的第一步。

20 世纪 70 年代的一天，史蒂芬·乔布斯和史蒂芬·沃兹尼亚克卖掉了一辆老掉牙的大众牌汽车，得到了 1500 美元。对于史蒂芬·乔布斯和史蒂芬·沃兹尼亚克这两个正准备开一家公司的人来说，这点钱甚至无法支付办公室的租金，而且他们所要面对的竞争对手是国际商业机器公司 (IBM)——一个财大气粗的巨无霸。

租不起办公室，他们就在一个车库里安营扎寨。然而正是在这样一个条件极差的车库里，苹果电脑诞生了，一个电脑业的巨子迈出了第一步。也正是这个从车库诞生的苹果电脑，成功地从IBM手里抢走了荣耀和财富。如果当初这两位青年因为怕遇到很多的困难而不动手行动的话，那么恐怕就没有今天的苹果电脑。

可能每个人都会有很多的想法，有不少的想法甚至可以说是绝妙的。但是假若这些想法不去付诸实践，那它们永远也只是空想而已。不论你自己想得有多美，重要的是去做！没有人会嘲笑一个学步的婴儿，尽管他的步子趔趄、姿势难看，有时还会摔倒。

我们之所以难以将想法付诸实践，是因为当我们每一次准备搏一搏时，总有一些意外事件使我们停止，例如资金不够、经济不景气、新婴儿的诞生、对目前工作的一时留恋等种种限制以及许许多多数不完的借口，这些都成为我们拖拖拉拉的理由。我们总是想等着一切都十全十美的时候再行动，但事实总会和愿望不太相符，于是我们的计划不会有开始动手的那一天，只是变成了空想。

面对人生的众多机遇，我们看见了，也心动了，但是自己却因为各种原因或者不敢而没有付诸行动，眼看着机会从自己的身边溜走，到头来只能恨自己没有胆量。

安妮是一个可爱的小姑娘，可她有一个坏习惯，那就是她每做一件事，总爱让计划停留在口头上，而不是马上行动。

和安妮住在同一个村子里的詹姆森先生有一家水果店，里面出售本地产的草莓之类的水果。一天，詹姆森先生对来到店里买东西的安妮说："你想挣点钱吗？"

"当然想。"她很不好意思地回答，"我一直想买一双新鞋，可家里买不起。"

"好的，安妮。"詹姆森先生说，"隔壁卡尔森太太家的牧场里有很多长势很好的黑草莓，他们允许所有人去摘。你摘了以后把它们都卖给我，1 升我给你 13 美分。"

安妮听到可以挣钱，非常高兴。于是她迅速跑回家，拿上一个篮子，准备马上就去摘草莓。但这时她不由自主地想到，要先算一下采 5 升草莓可以挣多少钱。于是她拿出一支笔和一块小木板计算起来，计算的结果是 65 美分。

"要是能采 12 升呢？那我又能赚多少呢？"

"上帝呀！"她得出答案，"我能得到 1 美元 56 美分呢！"

安妮接着算下去，要是她采了 50，100，200 升，詹姆森先生会给她多少钱。她兴奋地算来算去，已经到了中午吃饭的时间，她只得下午再去采草莓了。

安妮吃过午饭后，急急忙忙地拿起篮子向牧场赶去。而许多男孩子在午饭前就赶到了那儿，他们快把好的草莓都摘光了。可怜的小安妮最终只采到了 1 升草莓。

回家途中，安妮想起了老师常说的话："办事得尽早着手，干完后再去想。因为一个实干者胜过 100 个空想家。"

成功在于计划，更在于行动。目标再大，如果不去落实，也永远只能是空想。所以当你心动的

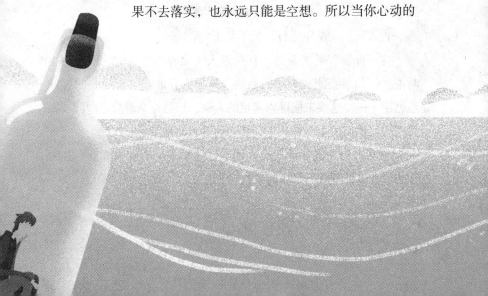

时候，就应当尽快地将它付诸行动，这样才能够更好地把握住机遇。

在一次行动力研习会上，培训师说："现在我请各位一起来做一个游戏，大家必须用心投入，并且采取行动。"他从钱包里掏出一张面值100元的人民币，他说："现在有谁愿意拿50元来换这张100元的人民币？"他说了几次，都没有人行动，最后终于有一个人走向讲台，但他仍然用一种怀疑的眼光看着培训师和那一张人民币，不敢行动。那位培训师提醒说："要配合，要参与，要行动。"那个人才采取行动，换回了那100元，那位勇敢的参与者立刻赚了50元。最后，培训师说："凡事马上行动，立刻行动，你的人生才会不一样。"

现实生活中，我们往往在心动的时候会考虑到很多因素，会想这能实现吗？会想到诸多的困难阻挠，会想到自己力量的薄弱等。但是为什么不去试试呢？没准儿一试就成功了呢。很多时候，我们缺少的是将心动变成行动的胆量。

人生就是这样，再美好的梦想，离开了行动就会变成空想；再完美的计划，离开了行动也会失去意义。我们要实现自己的理想，就应当注重行动，在行动中实现自己的梦想。

古人云："千里之行，始于足下。"

你可能曾经看过某些人在接近人生旅程的尽头时，回顾一生时说："如果我能有不同的做法……如果我能在机会降临时好好地利用……"这些未能得到满足的生命，只是充塞着数不清的"如果……"他们的生命在真正起步之前就已经结束了。

只有行动才能让计划成为现实，这是千年不变的真理。如果你想改变你的现状，那就赶快行动吧！

第四章

宁可做了失败，
也别不做后悔

该出手时绝不犹豫

《致富时代》杂志上，曾刊登过这样一个故事：

有一个自称"只要能赚钱的生意都做"的年轻人，在一次偶然的机会，听人说市民缺乏便宜的塑料袋盛垃圾。他立即就进行了市场调查，通过认真预测，认为有利可图，马上着手行动，很快把价廉物美的塑料袋推向市场。结果，靠那条别人看来一文不值的"垃圾袋"的信息，两星期内，这位小伙子就赚了 4 万元。

相反，一位智商一流、执有大学文凭的翩翩才子决心"下海"做生意。

有朋友建议他炒股票，他豪情冲天，但去办股东卡时，他又犹豫道："炒股有风险啊，等等看。"

又有朋友建议他到夜校兼职讲课，他很有兴趣，但快到上课了，他又犹豫了："讲一堂课，才 20 元钱，没有什么意思。"

他很有天分，却一直在犹豫中度过。两三年了，一直没有"下"过海，碌碌无为。

一天，这位"犹豫先生"到乡间探亲，路过一片苹果园，望见满眼都是长势苗壮的苹果树，禁不住感叹道："上帝赐予了一块多么肥沃的土地啊！"种树人一听，对他说："那你就来看看上帝怎样在这里耕耘吧。"

有些人不是没有成功立业的机遇，只因不善抓机遇，所以最终错失机遇。他们做人好像永远不能自主，非有人在旁扶持不可，即使遇到任何一点小事，也得东奔西走地去和亲友邻人商量，同时脑子里更是胡思乱想，弄得自己一刻不宁。于是愈商量、愈打不定主意，愈东猜西想、愈是糊涂，就愈弄得毫无结果，不知所终。

　　没有判断力的人，往往使一件事情无法开场，即使开了场，也无法进行。他们的一生，大半都消耗在没有主见的怀疑之中，即使给这种人成功的机遇，他们也永远不会达到成功的目的。

　　一个成功者，应该具有当机立断、把握机遇的能力。他们只要自己把事情审查清楚，计划周密，就不再怀疑，立刻勇敢果断地行事。因此任何事情只要一到他们手里，往往能够随心所欲，大获成功。在行动前，很多人提心吊胆，犹豫不决。在这种情况下，首先你要问自己："我害怕什么？为什么我总是这样犹豫不决，抓不住机会？"

　　在成功之路上奔跑的人，如果能在机遇来临之前就能识别它，在它消逝之前就果断采取行动占有它，这样，幸运之神就来到你的面前。

　　当机立断，将它抓获，以免转瞬即逝，或是日久生变。看来，握住机遇，眼力和勇气是不可缺少的。

　　机遇是一位神奇的、充满灵性的，但性格怪僻的天使。它对每一个人都是公平的，但绝不会无缘无故地降临。只有经过反复尝试，多方出击，才能寻觅到它。

　　在通往成功的道路上，每一次机会都会轻轻地敲你的门。不要等待机会去为你开门，因为门开在你自己这一面。机会也不会跑过来说"你好"，它只是告诉你"站起来，向前走"。知难而退，优柔寡断，缺乏勇往直前的勇气，这便是人生最大的遗憾。

　　要善于发现机会。很多的机会好像蒙尘的珍珠，让人无法一眼看清它华丽珍贵的本质。踏实的人并不是一味等待的人，要学会为机会拭去障眼的灰尘。

　　也要善于把握机会。没有一种机会可以让你看到未来的成败，人生的妙处也在于此。不通过拼搏得到的成功就像一开始就知道真正凶手的悬案电影般索然无味。选择一个机会，不可否认有失败的可能。将机会和自己的能力对比，合适的紧紧抓住，不合适的学会放弃。用明智的态度对待机会，也使用明智的态度对待人生。

不要为自己找借口了，诸如别人有关系、有钱，当然会成功；别人成功是因为抓住了机遇，而我没有机遇，等等。

这些都是你维持现状的理由，其实根本原因是你没有什么目标，没有勇气，你根本不敢迈出成功的第一步，你只知道成功不会属于你。

如果一生只求平稳，从不放开自己去追逐更高的目标，从不展翅高飞，那么人生便失去了意义。

这是一条生活准则，从你停止把握机会的那一刻起，你就开始死亡了。如果在商业中你总是毫无变化地做相同的事，那你就会破产。如果我们的行为同我们的祖先一样，那么进化过程就会停滞不前。世界会与你擦肩而过——它只为那些不断超越现状的人打开通向生活的大门。

人对于改变，多多少少会有一种莫名的紧张和不安，即使是面临代表进步的改变也会这样，这就是害怕面对风险造成的。

但丁在《神曲》中描述这样一个细节：但丁在古罗马诗人维吉尔的引导下，游历了惨烈的九层地狱后来到炼狱，一个魂灵呼喊他，他便转过身去观望。这时导师维吉尔这样告诉他："为什么你的精神分散？为什么你的脚步放慢？人家的窃窃私语与你何干？走你的路，让人们去说吧！要像一座卓立的塔，绝不因暴风雨而倾斜。"

克服犹豫不决的方法是，先"排演"一场比你要面对的更复杂的战斗。如果手上有棘手活而自己又犹豫不决，不妨挑件更难的事先做。生活挑战你的事情，你定可以用来挑战自己。这样，你就可以自己开辟一条成功之路。成功的真谛是：对自己越苛刻，生活对你越宽容；对自己越宽容，生活对你越苛刻。

只要你认准了路，确立好人生的目标，就永不回头，"该出手时就出手"，向着目标，心无旁骛地前进，相信你一定会到达成功的彼岸。

负重的生命如夏花灿烂

遭遇苦难时，肩挑重担时，不妨自豪地说一句，上帝把沉重的十字架挂在我的脖子上，那是因为：我驮得动！让生命负重，其实就是让人在压力下得到锻炼，增长才干。就像船，没有负重的船会被大浪掀翻，就像心灵，没有思想的心灵会飘浮如云。

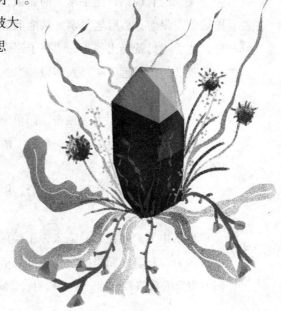

有两名大学生，毕业后进了某公司的同一个办公室。大学生甲出身农村，为人老实而踏实；大学生乙自幼在城市长大，为人圆滑，善搞人际关系。刚开始，两人分别干着分配给自己的那份工作，都干得很卖劲，也干得很不错。

不久大学生甲发现主任竟把一些本属于乙的工作分给自己做，自己每天忙得像个陀螺转个不停，而乙却无所事事。后来听别人说乙的父亲同办公室主任关系密切。他虽心里不快，但想了想最终忍气吞声，继续干着。

但到后来，事情越来越出格，甲每天要干的事越来越多，几乎把乙的工作全做了，每天要加班到很晚，而乙却到办公室点个到就走了。甲觉得自己像一头老黄牛，背负的东西越来越沉，他终于忍无可忍，请了假回到乡下，准备辞职外出闯天下。乡下的父亲听了儿子的诉苦，反而高兴地说："真的，你一个人能把两个人干的事都给做下了？"

"整天累死，工资又不多拿一分钱，有啥可高兴的？"儿子没好气地说。

父亲没有说话，随手拿了两张纸，使劲扔出一张，那纸飘飘摇摇落在跟前，然后老父亲又从地上捡了一块石头包进另一张纸里，随手一扔就扔出很远。"孩子，你看石头沉吗？可加了石头的那张纸却扔得远。年轻人多做些事，肩上压重点儿的担子，能锻炼人，是好事！"

听了父亲的话甲大为振奋，回单位仍干着原来的工作，而且更加积极、主动。不久，他一个人干两个人的事竟也能干得得心应手。

一年之后，部门进行优化组合，甲荣升办公室主任，而乙却下岗了。

生活中人们往往容易陷入一个误区：盲目地羡慕轻松、舒适没有压力却有着高回报的工作，可是市场经济时代还有这种工作吗？也有人希望自己的一生轻松自在、愉快无忧，没有痛苦和磨难，甚至连困难也没有，可是又有谁会有这样的"幸运"呢？难道没有压力和困难的人生就是幸运的吗？

有这样一则寓言：

有两艘新造的船准备出海，一艘船上装了很多货物，另一艘船却什么也不肯装。它对装满货物的船说："老兄，你可真傻，装那么多东西压得多难受呀，你看我一身轻松，多自在啊！"

装满货物的船说："我们做船本来就是要装货的，什么也不装，那还叫船吗？"

出海的时间到了，它们都驶上了自己的行程。刚开始在海上风平浪静，那艘空船得意扬扬地行驶在前面，它一再嘲笑后面那艘船的笨重。不久，大海上起了风浪。风越刮越猛，浪越来越高。装满货物的船因为重心很稳，仍平稳地在风浪中穿行。而那艘空船却被大浪掀翻，沉入海底。

其实人的一生要负载很多东西，比如苦难，比如沉重的生活和繁重的工作。谁也不知道自己哪天会面临哪些沉重的东西，并把这些东西扛在肩上风雨兼程地向前赶路。如果有些东西注定是我们无法逃避、必须面对的，我们不妨以一种积极的态度去面对。人生什么时候起跑都不算晚，关键是不怕负重，更要进取。

微小的勇气能赢得巨大的成功

美国心理学家斯科特·派克说：不恐惧不等于有勇气；勇气使你尽管害怕，尽管痛苦，但还是继续向前走。在这个世界上，只要你真实地付出，就会发现许多门都是虚掩的！微小的勇气，能够完成无限的成就。

不卑不亢无论是对事还是对人都有一种极强的穿透力，如果你幸运与生俱来就有这种品性，那么很值得恭贺；如果你还没有养成这种性格，那么尽快培养吧，人的生命很需要它！

有一个国王，他想委任一名官员担任一项重要的职务，就召集了许多威武有力和聪明过人的官员，想试试他们之中谁能胜任。

"聪明的人们，"国王说，"我有个问题，我想看看你们谁能在这种情况下解决它。"国王领着这些人来到一座大门——一座谁也没见过的最大的门前。国王说："你们看到的这座门是我国最大最重的门。你们之中有谁能把它打开？"许多大臣见了这门都摇了摇头，其他一些比较聪明一点的，也只是走近看了看，没敢去开这门。当这些聪明人说打不开时，其他人也都随声附和。只有一位大臣，他走到大门处，用眼睛和手仔细检查了大门，用各种方法试着去打开它。最后，他抓住一条沉重的链子一拉，门竟然开了。其实大门并没有完全关死，而是留了一条窄缝，任何人只要仔细观察，再加上有胆量去开一下，都会把门打开的。国王说："你将要在朝廷中担任重要的职务，因为你不光限于你所见到的或所听到的，你还有勇气靠自己的力量冒险去试一试。"

史东是"美国联合保险公司"的主要股东和董事长，同时，也是另外两家公司的大股东和总裁。

然而，他能白手起家，他创出如此巨大的事业却是经历了无数次磨难的结果，或者我们可以这样说，史东的发迹史也是他有勇气。

在史东还是个孩子时，就为了生计到处贩卖报纸。有家餐馆把他赶出来好多次，他却一再地溜进去，并且手里拿着更多的报纸。那里的客人为其勇气所动，纷纷劝说餐馆老板不要再把他踢出去，并且都解囊买他的报纸。

史东一而再再而三地被踢出餐馆，屁股虽然被踢痛了，但他的口袋里却装满了钱。

史东常常陷入沉思。"哪一点我做对了呢？""哪一点我又做错了呢？""下一次，我该这样做，或许不会挨踢。"这样，他用自己的亲身经历总结出了引导自己达到成功的座右铭："如果你做了，没有损失，而可能有大收获，那就放手去做。"

当史东16岁时，在一个夏天，在母亲的指导下，他走进了一座办公大楼，开始了推销保险的生涯。当他因胆怯而发抖时，他就用卖报纸时被踢后总结出来的座右铭来鼓舞自己。

就这样，他抱着"若被踢出来，就试着再进去"的念头推开了第一间办公室。

他没有被踢出来。那天只有两个人买了他的保险。从数量而言，他是个失败者。然而，这是个零的突破，他从此有了自信，不再害怕被拒绝，也不再因别人的拒绝而感到难堪。

第二天，史东卖出了四份保险。第三天，这一数字增加到了六份……

20岁时，史东设立了只有他一个人的保险经纪社。开业第一天，销出了54份保险单。有一天，他更创造一个令人瞠目的纪录122份。以每天8小时计算，每4分钟就成交了一份。

在不到30岁时，他已建立了巨大的史东经纪社，成为令人叹服的"推销大王"。

微小的努力能带来巨大的成功，想想当初如果史东没有胆量去推开门，那他就只能选择放弃了。

是啊，成功和失败之间就隔着一道虚掩的门，以小小的勇气去推开它，生活就会完全不一样。

胆识是决战人生的利器

优秀的人需要勇气，需要胆识，需要气魄，需要开拓进取，去做别人不敢做的事。这胆识是一种大智大勇，有了它我们才可以力挽狂澜。

台塑成立之初，碰到了一个极大的难题：公司生产的塑胶粉居然一斤也卖不出去，全部堆积在仓库里。王永庆经过调查后，得出结论：产品销不出去的根本原因是价格太贵。

原来，王永庆在计划投资生产塑胶粉时，预计每吨的生产成本在 800 美元左右，而当时的国际行情价是每吨 1000 美元，有利可图。然而，市场是变化无常的，等台塑建成投产后，国际行情价已经跌至 800 美元以下。而台塑因为产量少，每吨生产成本在 800 美元以上，显然不具备竞争力；加上当时外销市场没打开，台湾岛内仅有的两家胶布机需求量不大，且认为台塑的塑胶粉品质欠佳，拒绝采用。因此，台塑的产品严重滞销也就可想而知了。

为了解决这一困境，王永庆决定：扩大生产，降低成本。

在产品严重积压时扩大生产，显然有违常理，因此，王永庆的决定受到公司内外纷纷反对。公司内部的反对意见更是激烈，他们主张请求政府管制进口加以保护，否则，以现有的产量都已经销不出去，增加产量不是会造成更加沉重的库存压力吗？

王永庆认为，靠政府保护是治标不治本的短视行为，要想在市场上长期立足，唯一的办法就是增强自身竞争力。扩大生产虽然不一定能保证成功，但至少强于坐以待毙。

1958 年，在王永庆的坚持下，台塑进行了第一次扩建工程，使月产量在原先 100 吨的基础上翻了一番，达到 200 吨。

然而，在台塑扩建增产的同时，日本许多塑胶厂的产量也在成倍增加，成本降幅比台塑更大。相比之下，台塑公司的产品成本还是偏高，依然不具备市场竞争力。怎么办？王永庆决定继续增产。不过，增产多少呢？如果一点一点往上加，始终落在别人后面，仍然不能改变被动局面，不如一步到位。

为此，王永庆召集公司的高层干部以及专门从国外请来的顾问共商对策。会上，有人提议，在原来的基础上再扩增一倍，即提高至月产量 400 吨；外国顾问则提出增至 600 吨。

王永庆提议：增至 1200 吨。这一数字惊得在场的所有人直发呆，他们怀疑是不是听错了。

外国顾问再次建议："台塑最初的规模只有 100 吨，要进行大规模的扩建，设备就得全部更新。虽然提高到 1200 吨，成本会大大降低，但风险也随之增大。因此，600 吨是一个比较合理而且保险的数字。"他的意见得到大多数人认同。

王永庆坚持认为："我们的仓库里，积压产品堆积如山，究其原因是价格太高。现在，日本的塑料厂月产量达到 5000 吨，如果我们只是小改造，成本下不来，仍然不具备竞争能力，结果只有死路一条。我们现在是骑在老虎背上，如果掉下来，后果不堪设想。只有竭尽全力，将老虎彻底征服！"

终于，王永庆的胆识与气魄折服了所有的人，包括外国顾问在内，都投了赞成票。

1960 年，台塑的第二期扩建工程如期完成，塑胶粉的月产量激增至 1200 吨，成本果然大幅度降低，从而具备了市场竞争的条件。此后，台塑的产品不但逐渐垄断了台湾岛内市场，而且漂洋过海，在国际市场上站稳了脚跟，并逐步拓展领地，成为世界塑胶业的

"霸主"。

与众不同的胆识是他抓住机遇、扭转乾坤的最大财富。在危难的时候，是胆识让人坚定、明智地做出别人不敢做的决定。它不是鲁莽和自负，而是胸有成竹的胆识。有位法国哲学家曾经提出这样一个例证：假定有一匹驴子站在两堆同样大、同样远的干草之间，如果它不能决定应该先吃哪堆干草，它就会饿死在两堆干草之间。

事实上，现实生活中的驴子是绝对不会在这样的情境中饿死的，它会很快地做出决定。但是，你又不得不承认真有那么些人，在需要他们出主意、想办法、做决定的时候，却像例证中的驴子那样束手无策，窘迫得进退两难。

在人生旅途中，有许多事需要我们做出决策。

遇事当断则断，当行则行，当止则止，在复杂环境和逆境中能及时做出各种应变和决策，决不含糊和拖泥带水，这是一个能应付命运挑战的人必备的心理品质。

胆识，是理性的创造，合乎规律的举动。

胆识过人，才产生惊人的效益，开拓骄人的新局面。

勇敢地做自己的上帝

人生总是会遇到不顺的情况，很多人处于不利的困境时总期待借助别人的力量改变现状，殊不知，在这个世界上，最可靠的人不是别人，而是你自己，要知道，靠山山会倒。为何总想着依赖别人，而不是依赖自己呢？在这个世界上，你要勇敢地做你自己的上帝，因为，你的命运只能由你自己来主宰。

从事个性分析的专家罗伯特·菲利浦有一次在办公室接待了

一位因自己开办的企业倒闭、负债累累、离开妻女四处为家的流浪者。那人进门打招呼说："我来这儿，是想见见这本书的作者。"说着，他从口袋里拿出一本名为《自信心》的书，那是罗伯特多年前写的。

流浪者说："一定是命运之神在昨天下午把这本书放入我的口袋里的，因为我当时决定跳入密歇根湖，了此残生。我已经看破一切，认为一切已经绝望，所有的人（包括上帝在内）已经抛弃了我。但还好，我看到了这本书，它使我产生了新的看法，为我带来了勇气及希望，并支持我度过昨天晚上。

我已下定决心，只要我能见到这本书的作者，他一定能协助我再度站起来。现在，我来了，我想知道你能替我这样的人做些什么，能给我指一条明路。"

在他说话的时候，罗伯特从头到脚打量着这位流浪者，发现他眼神茫然、神态紧张。这一切都显示，这个人已经无可救药了，但罗伯特不忍心对他这样说。因此，罗伯特请他坐下，要他把自己的故事完完整整地说出来。

听完流浪汉的故事，罗伯特想了想，说："虽然我没有办法帮助你，但如果你愿意的话，我可以介绍你去见一个人，他可以帮助你赚回你所损失的钱，并且协助你东山再起。"罗伯特刚说完，流浪汉立刻激动地跳了起来，他紧紧地抓住罗伯特的手，说道："看在上天的份儿上，请带我去见这个人。"

他会为了"上天的份儿"而提此要求，显示他心中仍然存在着一丝希望。所以，罗伯特拉着他的手，引导他来到从事个性分析的心理试验室，和他一起站在一块窗帘之前。罗伯特把窗帘拉开，露出一面高大的镜子，罗伯特指着镜子里的流浪汉说："就是这个人。在这个世界上，只有这个人能够使你东山再起，除非你坐下来，彻底认识这个人——当作你从前并未认识他——否则，你只能跳到密歇根湖里。因为在你对这个人未作充分的认识之前，对于你自己或这个世界来说，你都将是一个没有任何价值的废物。"

流浪汉朝着镜子走了几步，用手摸摸他长满胡须的脸孔，对着镜子里的人从头到脚打量了几分钟，然后后退几步，低下头，开始哭泣起来。过了一会儿，罗伯特领他走出电梯间，送他离去。

几天后，罗伯特在街上碰到了这个人。他不再是一个流浪汉形象，他西装革履，步伐轻快有力，原来的衰老、不安、紧张已经消失不见。他说，感谢罗伯特先生让他找回了自己，并很快找到了工作，他会努力把失去的找回来。

后来，那个人真的东山再起，成为芝加哥的富翁。

人要勇敢地做自己的上帝，因为真正能够主宰自己命运的人就是自己，当你相信自己的力量之后，你的脚步就会变得轻快，你就会离成功的目标越来越近。只有做自己的上帝，你才能充分发挥你自身的潜能。如果你还在等待别人的帮助，那就在这一刻改变吧。

从 21 世纪人才的竞争来看，社会对人才素质的要求是很高的，除了具备良好的身体素质和智力水平，还必须具备生存意识、竞争意识、科技意识，以及创新意识。这就要求我们从现在开始注重对自己各方面能力的培养，只有使自己成为一个全面的、高素质的人，才可能在未来的竞争中站稳脚跟，取得成功。

人若失去自我，是一种不幸；人若失去自主，则是人生最大的缺憾。赤、橙、黄、绿、蓝、靛、紫，每个人都应该有自己的一片天地和特有的亮丽色彩。

你应该果断地、毫无顾忌地向世人宣告并展示你的能力、你的风采、你的气度、你的才智。在生活的道路上，必须自己做选择，不要总是踩着别人的脚印走，不要总是听凭他人摆布，而要勇敢地驾驭自己的命运，调控自己的情感，做自己的主宰，做命运的主人。

善于驾驭自我命运的人，是最幸福的人。只有摆脱了依赖，抛弃了拐杖，具有自信、能够自主的人，才能走向成功。自立自强是走入社会的第一步，是打开成功之门的金钥匙。

真正的自助者是令人敬佩的觉悟者，他会藐视困难，而困难也会在他面前轰然倒地。

行动起来，因为只有你自己才能真正帮助自己。依赖别人，不如期待自己。

理性的勇敢才是最值得称道的勇敢

勇敢的定义只有一个，但勇敢的表现却可能多种多样。

有这样一个故事：

老板招聘雇员，有三人应聘。老板对第一个应聘者说："楼道有个玻璃窗，你用拳头把它击碎。"应聘者执行了，幸亏那不是一块真玻璃，不然他的手就会严重受伤。老板又对第二个应聘者说，这里有一桶脏水，你把它泼到清洁工身上去。她此刻正在楼道拐角处那个小屋里休息。你不要说话，推开门泼到她身上就是了。这位应聘者提着脏水出去，找到那间小屋，推开门，果见一位女清洁工坐在那里。他也不说话，把脏水泼在她头上，回头就走，向老板交差。老板此时告诉他，坐在那里的不过是个蜡像。老板最后对第三个应聘者说："大厅里坐个胖子，你去狠狠击他两拳。"这位应聘者说："对不起，我没有理由去击他；即便有理由，我也不能用击打的方法。我因此可能不会被您录用，但我也不执行您这样的命令。"此时，老板宣布，第三位应聘者被聘用，理由是他是一个勇敢的人，也是一个理性的人。他有勇气不执行老板的荒唐的命令，当然也更有勇气不执行其他人的荒唐的命令了。

戴高乐将军也碰到过这样的勇敢者。那是1965年，法国发生民变，巴黎的学生、市民走上街头，要求当时任总统的戴高乐下台。戴高乐黔驴技穷，来到德国的巴登——法军驻德司令部设在这里。

戴高乐要求驻德法军司令带兵回到巴黎平息民变。但戴高乐的两次要求都遭到那位驻德法军司令的拒绝，还劝说戴高乐放弃这个命令。后来戴高乐非常感谢那位司令，称颂那位司令勇敢地拒绝执行他的命令。他还写信给那位司令的妻子，说这是上帝在他无能为力时让他来到巴登，又是上帝让他碰到那位司令。不然，他就可能是历史的罪人了。

三个应聘者，前两个坚决执行老板的命令，好像也无可厚非，但后一个拒绝执行老板的荒唐的命令，则更值得赞誉。至于驻德法军的那位司令，敢于拒绝执行当时作为法国总统的戴高乐的有违民意、有违民主原则和精神的命令，就更难能可贵。这在专制制度的国家简直是不可思议的。所以勇敢不勇敢，不只是一种行为的体现，其中也包含着理性，包含着道义。没有理性的、缺乏理性的勇敢，没有道义的、缺乏道义的勇敢，不一定就是勇敢。

在我们这个世界上，就勇敢而言，绝对执行命令的勇敢多而敢于抗拒执行荒唐的命令的勇敢少。这是因为权力者一般都竭力提倡、培养、制造绝对的执行这种勇敢，而对敢于抗拒自己荒唐命令的勇敢深恶而痛绝，即便他发现自己的荒唐以后，对那些敢于抗拒自己荒唐的勇敢者也决不宽恕。以至于有些明明是错误的东西，是荒谬的东西，是反科学的东西，是违法违纪的东西，因为是权力者指使，因为有权力者撑腰，有的人也敢勇敢地去执行，勇敢地去做。

勇敢是一个褒义词，它所体现的是一种好品德。人们教育孩子就要做勇敢的孩子。但勇敢确实还有一个是与非的前提。勇敢不是盲从，不分是非的、没有理性的绝对执行命令的勇敢是一种可怕的勇敢，也是一种愚蠢的勇敢，更是一种专制者欣赏和欢迎的勇敢。而坚持真理、敢于同谬误、同荒唐、同发疯对抗的勇敢、理性的勇敢才是最值得称道的勇敢。

敢"秀"才会赢

古人所言"沉默是金"的年代，早已一去不复返，对于现代人来说，如果不懂适时地包装好自己的形象，把握机会推销自己，就很难有出人头地的机会。

有个有名的才女，不但琴棋书画无所不通，口才与文采也是无人可与之比肩。大学毕业后，在学校的极力推荐下她去了一家小有名气的杂志社工作。谁知就是这样的一个让学校都引以为自豪的人物，在杂志社工作不到半年就被炒了鱿鱼。

原来，在这个人才济济的杂志社内，每周都要召开一次例会，讨论下一期杂志的选题与内容。每次开会很多人都争先恐后地表达自己的观点和想法，只有她总是悄无声息地坐在那里一言不发。

她原本有很多好的想法和创意，但是她有些顾虑，一是怕自己刚刚到这里便"妄开言论"，被人认为是张扬，是锋芒毕露，二是怕自己的思路不合主编的口味，被人看作为幼稚。就这样，在沉默中她度过了一次又一次激烈的争辩会。有一天，她突然发现，这里的人们都在力陈自己的观点，似乎已经把她遗忘在那里了。于是她开始考虑要扭转这种局面。但这一切为时已晚，没有人再愿意听她的声音了，在所有人的心中，她已经根深蒂固地成了一个没有实力的花瓶人物。最后，她终于因自己的过分沉默而失去了这份工作。

我们在生活中常说沉默是金，但也不能忘了，沉默同时也是埋没天才的沙土。

　　或许在某种特殊的场合下，沉默谦逊确实是一种"此时无声胜有声"的制胜利器，但无论如何你也不要把它处处当作金科玉律来信奉。在人才竞争中，你要将沉默、踏实、肯干、谦逊的美德和善于表现自己结合起来，才能更好地让别人赏识你。

　　记住：再好的酒也怕巷子深。如果想在现代社会谋得一席之地，除了自己努力之外，还要把握机会适时展现自己的优点。

　　现在是一个讲究张扬自己个性的时代，尤其是身处职场上的人们，在关键时刻恰当地张扬也就是"秀"（show）一下，不失为一个引起领导注意的好办法。

　　一位刚从管理系毕业的美国大学生去见一家企业的老板，试图向这位总经理推销"自己"——到该企业工作。

　　由于这是一家很有名气的大公司，总经理又见多识广，根本没把这个初出茅庐、乳臭未干的小伙子放在眼里。没谈上几句，总经理便以不容商量的口吻说："我们这里没有适合你的工作。"

　　这位大学生并未知难而退，而是话锋一转，柔中带刚地向这位经理发出了疑问："总经理的意思是，贵公司人才济济，已完全可以使公司得到成功，外人纵有天大本事，似乎也无须加以利用。再说像我这种管理系毕业生是否有成就还是个未知数，与其冒险使用，不如拒之于千里之外，是吗？"

　　总经理沉默了几分钟，终于开口说："你能将你的经历、想法和计划告诉我吗？"

　　年轻人似乎很不给面子，他又将了总经理一军："噢！抱歉，抱歉，我方才太冒昧了，请多包涵！不过像我这样的人还值得占用您的时间跟您一谈吗？"

　　总经理催促着说："请不要客气。"

　　于是，年轻人便把自己的情况和想法说了出来。总经理听后，态度变得和蔼起来，并对年轻人说："我决定录用你，明天来上班，请保持过去的热情和毅力，好好在我公司干吧！相信你有用武之地。"

第五章
可以输给别人，但不能输给自己

你最大的敌人就是自己

每个人最大的对手就是自己。如果你能战胜自己，走出布满阴霾的昨天，你也能成为幸福的人，获得自己人生的奖赏。

驯鹿和狼之间存在着一种非常独特的关系，它们在同一个地方出生，又一同奔跑在自然环境极为恶劣的旷野上。大多数时候，它们相安无事地在同一个地方活动，狼不骚扰鹿群，驯鹿也不害怕狼。

在这看似和平安闲的时候，狼会突然向鹿群发动袭击。驯鹿惊愕而迅速地逃窜，同时又聚成一群以确保安全。狼群早已盯准了目标，在这追和逃的游戏里，会有一只狼冷不防地从斜刺里蹿出，以迅雷不及掩耳之势抓破一只驯鹿的腿。

游戏结束了，没有一只驯鹿牺牲，狼也没有得到一点食物。第二天，同样的一幕再次上演，依然从斜刺里冲出一只狼，依然抓伤那只已经受伤的驯鹿。

每次都是不同的狼从不同的地方蹿出来做猎手，攻击的却是同一只鹿。可怜的驯鹿旧伤未愈又添新伤，逐渐丧失大量的血和力气，更为严重的是它逐渐丧失了反抗的意志。当它越来越虚弱，已不会对狼构成威胁时，狼便跳起而攻之，美美地饱餐一顿。

其实，狼是无法对驯鹿构成威胁的，因为身材高大的驯鹿可以一蹄把身材矮小的狼踢死或踢伤，可为什么到最后驯鹿却成了狼的腹中之食呢？

狼是绝顶聪明的，它们一次次抓伤同一只驯鹿，让那只驯鹿经过一次次的失败打击后，变得信心全无，到最后它完全崩溃了，完全忘了自己还有反抗的能力。最后，当狼群攻击它时，它放弃

了抵抗。

所以，真正打败驯鹿的是它自己，它的敌人不是凶残的狼，而是自己脆弱的心灵。同样的道理，要让自己强大起来，唯一的方法就是挑战自己，战胜自己，超越自己。

每个人最大的对手就是自己。如果你能战胜自己，走出布满阴霾的昨天，你也能成为幸福的人，获得自己人生的奖赏。

人生没有过不去的坎儿

往往，再多一点努力和坚持便收获到意想不到的成功。以前做出的种种努力、付出的艰辛，便不会白费。令人感到遗憾和悲哀的是，面对一而再再而三的失败，多数人选择了放弃，没有再给自己一次机会。

乔治的父亲辛曾经是个拳击冠军，如今年老力衰，病卧在床。

有一天，父亲的精神状况不错，对他说了某次赛事的经过。

在一次拳击冠军对抗赛中，他遇到了一位人高马大的对手。因为他的个子相当矮小，一直无法反击，反而被对方击倒，连牙齿也被打出血了。

休息时，教练鼓励他说："辛，别怕，你一定能挺到第12局！"

听了教练的鼓励，他也说："我不怕，我应付得过去！"

于是，在场上他跌倒了又爬起来，爬起来后又被打倒，虽然一直没有反攻的机会，但他却咬紧牙关支持到第12局。

第12局眼看要结束了，对方打得手都发颤了，他发现这是最好的反攻时机。于是，他倾全力给对手一个反击，只见对手应声倒下，而他则挺过来了，那也是他拳击生涯中的第一枚金牌。

说话间，父亲额上全是汗珠，他紧握着乔治的手，吃力地笑着：

"不要紧，有一点点痛，我应付得了。"

在人生的海洋中航行，不会永远都一帆风顺，难免会遇到狂风暴雨的袭击。在巨浪滔天的困境中，我们更须坚定信念，随时赋予自己生活的支持力，告诉自己"我应付得了"。当我们有了这份坚定的信念，困难便会在不知不觉中慢慢远离，生活自然会回到风和日丽的宁静与幸福之中。唯有相信自己能克服一切困难的人，才能激发勇气，迎战人生的各种磨难，最后成就一番大业！记住，只要你有决心克服，就一定能走过人生的低谷。

戴尔·卡耐基在被问及成功秘诀的时候说道："假使成功只有一个秘诀的话，那应该是坚持。"人生道路中的很多苦难和痛苦都是如此，只要熬过去了，挺住了，就没什么大不了的。

巴顿将军在第二次世界大战后的聚会上说起这么一段经历：当他从西点军校毕业后，入伍接受军事训练。团长在射击场告诉他：打靶的意义在于，哪怕你打偏了99颗子弹，只要有1颗子弹打中靶心，你就会享受到成功的喜悦。

对于实战经验不多的新兵来说，想要枪枪命中靶心是困难的，然而，当巴顿的靶位旁的空子弹壳越来越多时，他已成了富有射击经验的老兵。

战争爆发后，巴顿将军奔波于各个战场，没有安稳感，他一度对生活产生了疑问，觉得自己像一架战争机器，不知道战争究竟要到何年何月才是尽头。

但这一切仅仅持续了不到7年。这7年里，由于倔强刚烈的个性，巴顿所经历的挫折、失意，曾经那么锋利地一次次伤害过他，令他消沉，后来他才明白：它们只不过是那一大堆空子弹壳。

生活的意义，并不在于你是否在经受挫折和磨炼，也不在于要经受多少挫折和磨炼，而是在于坚持不懈。经受挫折和磨炼是射击，瞄准成功的机会也是射击，但是只有经历了99颗子弹的铺垫，才有一枪击中靶心的结果。

只要坚持到底，就一定会成功，人生唯一的失败，就是当你选择放弃的时候。因此，当你处于困境的时候，你应该继续坚持下去，只要你所做的是对的，总有一天成功的大门将为你而开。

查德威尔是第一个成功横渡英吉利海峡的女性，她没有满足，决定从卡塔林岛游到加利福尼亚。

旅程十分艰苦，刺骨的海水冻得查德威尔嘴唇发紫。她快坚持不住了，可目的地还不知道有多远，连海岸线都看不到。

越想越累，渐渐地她感到自己的四肢有千斤那么沉重，自己一点劲都使不上了，于是对陪伴她的船上工作人员说："我快不行了，拉我上船吧！"

"还有一海里就到了啊，再坚持一下吧。"

"我不信，那怎么连海岸线都看不到啊！快拉我上去！"看她那么坚持，工作人员就把她拉上去了。

快艇飞快地往前开去，不到一分钟，加利福尼亚海岸线就出现在眼前了，因为大雾，只能在半海里范围内看得见。

查德威尔后悔莫及，居然离横渡成功只有一海里！为什么不听别人的话，再坚持一下呢？

拿破仑曾经说过："达到目标有两个途径——势力与毅力。势力只有少数人所有，而毅力则属于那些坚韧不拔的人，它的力量会随着时间的推移而至无可抵抗。"往往，再多一点努力和坚持便收获到意想不到的成功。以前做出的种种努力、付出的艰辛，便不会白费。令人感到遗憾和悲哀的是，面对一而再再而三的失败，多数人选择了放弃，没有再给自己一次机会。所以，无论我们处于什么样的〔……〕痛苦，我们都应该激励自己：离成功我只有一〔……〕就是胜利！

绝不为自〔……〕

没有人〔……〕出能与不能，是你自己决定要以何种态度去对〔……〕积极、绝不轻易放弃的心去面临各种困境，而〔……〕工作中的绊脚石。

世界上〔……〕什么？很简单，就是找借口。狐狸吃不到葡萄〔……〕口：葡萄是酸的。我们都讥笑狐狸的可怜，但我〔……〕己找借口。

在我们〔……〕这样一些借口：上班晚了，会有"路上堵车""闹〔……〕考试不及格，会有"出题太偏""题目太难"的借〔……〕本有借口；工作、学习落后了也有借口……只要〔……〕是有的。

久而久之〔……〕一种局面：每个人都努力寻找借口来掩盖自己的〔……〕应承担的责任。于是，所有的过错，你都能找到借〔……〕让你丧失责任心和进取心，这对于你的生活和工〔……〕

没有人与〔……〕能与不能，是你自己决定要以何种态度去对待〔……〕极、绝不轻易放弃的心去面临各种困境，而不〔……〕作中的绊脚石。

年轻的亚〔……〕其顿的王位后，拥有广阔的土地和无数的臣民〔……〕能满足他的野心。一次，亚历山大因一场小型战争离开故乡，他的目光被一片肥沃的土地吸引，那里是波斯王国。于是，他指挥士兵向波斯大军发起了进攻，并在一场又一场战斗中打败了对手。随后陷落的是埃及。埃及人将亚历山大视为神一般的人物。卢克索神庙中的雕刻表明，亚历山大是埃及历史上第一位欧洲法老。为了抵达世界的尽头，他率领部队向东，进入一片未知的土地。20多岁的时候，他就已经击败了阿富汗的地区头领。接着，他又很快对印度半岛上的王侯展开了猛烈进攻……

在仅仅十多年的时间里，亚历山大就建立起了一个面积超过200万平方英里的帝国。因为他在任何情况下都不找借口，即使是条件不存在，他也毫不犹豫地去创造条件。

做事没有任何借口。条件不足，创造条件也要上。美国成功学家拿破仑·希尔说过这样一段话："如果你有自己系鞋带的能力，你就有上天摘星的机会！"让我们改变对借口的态度，把寻找借口的时间和精力用到努力工作中来。因为工作中没有借口，失败没有借口，成功也不属于那些找借口的人！

第二次世界大战时期的著名将领蒙哥马利元帅在他的回忆录《我所知道的二战》中有这样一个故事：

"我要提拔人的时候，常常把所有符合条件的候选人集合到一起，给他们提一个我想要他们解决的问题。我说：'伙计们，我要在仓库后面挖一条战壕，8英尺长，3英尺宽，6英寸深。'说完就宣布解散。我走进仓库，通过窗户观察他们。

"我看到军官们把锹和镐都放到仓库后面的地上，开始议论我为什么要他们挖这么浅的战壕。他们有的说6英寸还不够当火炮掩体。其他人争论说，这样的战壕太热或太冷。还有一些人抱怨他们是军官，这样的体力活应该是普通士兵的事。最后，有个人大声说道：'我们把战壕挖好后离开这里，那个老家伙想用它干什么，随他去吧！'。

最后，蒙哥马利写道："那个家伙得到了提拔，我必须挑选不找任何借口地完成任务的人。"

一万个叹息抵不上一个真正的开始。不怕晚开始，就怕不开始。没有第一步，就不会有万里长征；没有播种，就不会有收获；没有开始，就不会有进步。因此，你千万不要找借口，再困难的事只要你尝试去做，也比推辞不做要强。

战胜自己的人，才配得上上天的奖赏

虽然屡遭痛苦，却能够百折不挠地挺住，这就是成功的秘密。所以，你一定要学会坚强。有了坚强，才有了面对一切痛苦和挫折的能力。

村里有一位妇女，因为乳腺癌，不得不去医院做了左乳切除手术。

伤口痊愈后，她下地走路时，奇怪地发现，自己的身体竟不自觉地向右边倾斜起来。她稍一愣怔后便明白了：也许是自己的乳房比较大且重的缘故，少了一只左乳后，身体也失去了原有的平衡。

让她更为苦恼的是，自己的胸前左边瘪塌塌的，右边鼓囊囊的，极不对称，以致穿起衣服来很是别扭和难看。

可是她又没钱买义乳。怎么办？她决定自己做一个。她"就地取材"地从家里搬出芝麻、蚕豆、玉米、小麦、绿豆等种子，依次分别往乳罩左边的罩口里装满种子，然后再缝合罩口，戴在身上测试一下身体的美观及平衡效果。最后，她选定了绿豆作为乳罩的填充物。

初戴上"绿豆乳罩"的她显得异常的兴奋与激动，对于自己的身体，她仿佛又找回了曾经的那分自信与美丽。后来，她无论是下地干活，还是串门赶集，时时刻刻地戴着那副"绿豆乳罩"。

一天晚上，她摘下乳罩准备睡觉时，惊讶地发现——乳罩里的那些绿豆竟发芽了！

那一夜，她基本上没合眼，想着怎样解决绿豆在自己的体温下会发芽的问题。第二天，她把那些绿豆炒熟了，然后再放进乳罩里……

可是她发现，问题又来了，她的身上始终有一种熟绿豆的香味挥之不去。只要她一出现在人群里，人家总会耸着鼻子作闻香状，然后好奇地问：谁兜里揣着熟绿豆？好香啊！快点拿出来让大家尝尝……弄得她很是尴尬，又不好讲出实情，但也怪不得人家，人家也是无意的啊。

后来，经过很多次试验，她在缝制"绿豆乳罩"的时候，终于找到了一个折中的良方，就是在炒绿豆的时候，要掌握好它的火候——仅把绿豆炒到七八成熟的样子，这样的绿豆放进乳罩里既不会发芽，也闻不到香味，刚刚好。

费尽思量，才解决了绿豆作为乳房替代物与自己身体兼容的难题，这位爱美的女人终于松了口气。

有一天，一家女性刊物的记者知道这事后，大老远地赶来采访这位村妇。采访临近尾声时，记者提出要给她拍几张照片。她一下子激动得满脸通红，因为在那个偏僻的村庄里，她很少有照相的机会，她习惯性地抻抻衣角、捋捋头发，然后站在一株从石缝里长出的芍药花旁，郑重而优雅地摆出了一个个美丽的姿势。

望着镜头里那朵火红的花儿衬托着那张自信而美丽的笑脸，泪水模糊了记者的视线……

后来，这位记者在她的文章中写道：

"我是怀着一种敬仰和感动的心情对她进行采访的，在为她的遭遇感到心酸的同时，又被她乐观而不屈的精神所鼓舞并深感欣慰。这样一个在贫困交加的境地里挣扎的女人，依然向往美丽，顽强地追求着美丽，她今后的生活一定会好起来的，就像她拥花而卧的那张美丽的照片。因为她的精神不败，我坚信，仅凭这一点，足以让她战胜人生中所有的厄运和苦难！"

人生是一场面对种种困难的"漫长战役"。早一些让自己懂得痛苦和困难是人生平常的"待遇"，当挫折到来时，应该面对，而不是逃避，这样，你才能早一些坚强起来，成熟起来。以后的人生便会少一些悲哀气氛，多一些壮丽色彩。记住，只有顽强的人生才美丽，才精彩。

苏联作家奥斯特洛夫斯基在双眼失明的情况下，通过向人口授内容，完成了长篇小说《钢铁是怎样炼成的》；

美国女作家海伦·凯勒自幼双目失明，在沙利文老师的教导下学会了盲文，长大后成长为一名社会活动家，积极到世界各地演讲，宣传助残，并完成了《假如给我三天光明》等 14 部著作；

当代著名女作家张海迪 5 岁因为意外事故造成高位截瘫，但仍坚持自学小学到大学课程，并精通多国语言；

……

虽然屡遭痛苦，却能够百折不挠地挺住，这就是成功的秘密。所以，你一定要学会坚强。有了坚强，才有了面对一切痛苦和挫折的能力。

PMA 黄金定律：能飞多高，由自己决定

PMA 黄金定律是积极心态的缩写——Positive Mental Attitude。它是成功学大师拿破仑·希尔数十年研究中最重要的发现，他认为造成人与人之间成功与失败的巨大反差，心态起了很大的作用。

积极的心态是人人可以学到的，无论他原来的处境、气质与智力怎样。

拿破仑·希尔还认为，我们每个人都佩戴着隐形护身符，护身符的一面刻着 PMA（积极的心态），一面刻着 NMA（消极的心态）。PMA 可以创造成功、快乐，使人到达辉煌的人生顶峰；而 NMA 则使人终生陷在悲观沮丧的谷底，即使爬到巅峰，也会被它拖下来。因为这个世界上没有任何人能够改变你，只有你能改变你自己；没有任何人能够打败你，能打败你的也只有你自己。

很多人都认为自己的境况归于外界的因素，认为是环境决定了他们的人生位置，这些人常说他们的想法无法改变。但是，我们的境况不是周围环境造成的。说到底，如何看待人生，由我们自己决定。

纳粹集中营的一位幸存者维克托·弗兰克尔说过："在任何特定的环境中，人们还有一种最后自由，就是选择自己的态度。"

只要人活在这个世界上，各种问题、矛盾和困难就不可能避免，拥有积极心态的人能以乐观进取的精神去积极应对，而被消极心态支配的人则悲观颓废，他们在逃避问题和困难的同时也逃避了人生的责任。

对于 PMA 的阐述，拿破仑·希尔是这样认为的：

1. 言行举止像希望成为的人

许多人总是要等到自己有了一种积极的感受再去付诸行动，这些人在本末倒置。心态是紧跟行动的，如果一个人从一种消极的心态开始，等待着感觉把自己带向行动，那他就永远成不了他想做的积极心态者。

2. 要心怀必胜、积极的想法

谁想收获成功的人生，谁就要当个好"农民"。我们绝不能播下几粒积极乐观的种子，然后指望不劳而获，我们必须不断给这些种子浇水，给幼苗培土施肥。要是疏忽这些，消极心态的野草就会丛生，夺去土壤的养分，甚至让庄稼枯死。

3. 用美好的感觉、信心和目标去影响别人

随着你的行动与心态日渐积极，你就会慢慢获得一种美满人生的感觉，信心日增，人生中的目标感也越来越强烈。紧接着，别人会被你吸引，因为人们总是喜欢和积极乐观者在一起。

4. 使你遇到的每一个人都感到自己很重要、被需要

每一个人都有一种欲望，即感觉到自己的重要性，以及别人对他的需要与感激，这是普通人的自我意识的核心。如果你能满足别人心中的这一欲望，他们就会对你抱有积极的态度。

5. 心存感激

如果你常流泪，你就看不到星光，对人生、对大自然的一切美好的东西，我们要心存感激，人生就会显得美好许多。

6. 学会称赞别人

在人与人的交往中，适当地赞美对方，会增加和谐、温暖和

美好的感情。你存在的价值也就会被肯定，使你得到一种成就感。

7. 学会微笑

面对一个微笑的人，你会感应到他的自信、友好，同时这种自信和友好也会感染你，使你的自信和友好也油然而生，使你和对方亲近起来。

8. 到处寻找最佳新观念

有些人认为，只有天才才会有好主意。事实上，要找到好主意，靠的是态度，而不全是能力。一个思想开放、有创造性的人，哪里有好主意，就往哪里去。

9. 放弃鸡毛蒜皮的小事

有积极心态的人不把时间和精力花费在小事上，因为小事使他们偏离主要目标和重要事项。

10. 培养一种奉献的精神

曾任通用面粉公司董事长的哈里·布利斯曾这样忠告属下的推销员："谁尽力帮助其他人活得更愉快、更潇洒，谁就达到了推销术的最高境界。"

11. 自信能做好想做的事

永远也不要消极地认定什么事情是不可能的，首先你要认为你能，再去尝试，不断尝试，最后你就会发现你确实能。

马尔比·D.马布科克说："最常见同时也是代价最高昂的一个错误，是认为成功有赖于某种天才、某种魔力、某些我们不具备的东西。"其实并非如此，成功的要素其实掌握在我们自己的手中。成功是运用PMA的结果。

一个人能飞多高，由他自己的心态所决定。

当然，有了 PMA 并不能保证事事成功，但积极地运用 PMA 可以改善我们的日常生活。在 PMA 的帮助下，我们能够给自己创造一个阳光的心灵空间，导引成功之路。

拒做呻吟的海鸥，勇做积极的海燕

相信，很多读者都对苏联著名作家高尔基所著的《海燕》一文有着深刻的印象：

在苍茫的大海上，狂风卷着乌云。在乌云和大海之间，海燕像黑色的闪电，在高傲地飞翔。一会儿翅膀碰着波浪，一会儿箭一般地直冲向乌云，它叫喊着——就在这鸟儿勇敢的叫喊声里，乌云听出了欢乐。海鸥在暴风雨来临之前呻吟着——呻吟着，它们在大海上飞蹿，想把自己对暴风雨的恐惧，掩藏到大海深处。

海鸥还在呻吟着——它们这些海鸥啊，享受不了生活的战斗的欢乐，轰隆隆的雷声就把它们吓坏了。

蠢笨的企鹅，胆怯地把肥胖的身体躲藏在悬崖底下……

只有那高傲的海燕，勇敢地、自由自在地，在泛起白沫的大海上飞翔……

而人类，也有海燕、海鸥、企鹅等类型。有人在困境的打击下，像海燕一样无所畏惧，积极地奋起抗争；有的人在困境的打击下，只会独自呻吟，丧失了一切勇气；有的人在困境的打击下，蜷缩在角落里，不敢去面对外面的一切……面对困境，像海燕一样积极搏击，还是一味地"独自呻吟""蜷缩在角落里"，决定了你的人生境遇。

　　在 19 世纪 50 年代的美国，有一天，黑人家里的一个 10 岁的小女孩被母亲派到磨坊里向种植园主索要 50 美分。

　　园主放下自己的工作，看着那黑人小女孩敬而远之地站在那里，便问道："你有什么事情吗？"黑人小女孩没有移动脚步，怯怯地回答说："我妈妈说想要 50 美分。"

　　园主怒气冲冲地说："我绝不给你！你快滚回家去吧，不然我用锁锁住你。"说完继续做自己的工作。

　　过了一会儿，他抬头看到黑人小女孩仍然站在那儿不走，便掀起一块桶板向她挥舞道："如果你再不滚开的话，我就用这桶板教训你。好吧，趁现在我还……"话未说完，那黑人小女孩突然像箭镞一样冲到他前面，毫不畏惧地扬起脸来，用尽全身气力向他大喊："我妈妈需要 50 美分！"

　　慢慢地，园主将桶板放了下来，手伸向口袋里摸出 50 美分给了那个黑人小女孩。她一把抓过钱去，便像小鹿一样推门跑了。园主目瞪口呆地站在那儿回顾这奇怪的经历——一个黑人小女孩竟然毫无惧色地面对自己，并且镇住了自己，在这之前，整个种植园里的黑人们似乎连想都不敢想。

小女孩的勇敢让她最终得到了她妈妈需要的 50 美分。如果她也像海鸥一样，面对困难只会呻吟，那么她也会跟其他的黑人那样，不敢忤逆园主的，当然更不可能说提要钱的事了。所以不管遇到什么困难，我们都要做积极勇敢的海燕，不做呻吟的海鸥。

纵使平凡，也不要平庸

平凡与平庸是两种截然不同的生活状态：前者如一颗使用中的螺丝钉，虽不起眼，却真真切切地发挥作用，实现价值；后者就像废弃的钉子，身处机器运转之外，无心也无力参与机器的运作。

平凡者纵使渺小却挖掘着自己生命的全部能量，平庸者却甘居无人发现的角落不肯露头。虽无惊天伟绩但物尽其用、人尽其能，这叫平凡；有能力发挥却自掩才华，自甘埋没，这叫平庸。

世间生命多种多样，有天上飞的，有水中游的，有陆上爬的，有山中走的；所有生命，都在时间与空间之流中兜兜转转。生命，总以其多姿多彩的形态展现着各自的意义和价值。

"生命的价值，是以一己之生命，带动无限生命的奋起、活跃。"智慧禅光在众生头顶照耀，生命在闪光中见出灿烂，在平凡中见出真实。所以，所有的生命都应该得到祝福。

"若生命是一朵花就应自然地开放，散发一缕芬芳于人间；若生命是一棵草就应自然地生长，不因是一棵草而自卑自叹；若生命好比一只蝶，何不翩翩飞舞？"芸芸众生，既不是翻江倒海的蛟龙，也不是称霸林中的雄狮，我们在苦海里颠簸，在丛林中避险，平凡得像是海中的一滴水、林中的一片叶。海滩上，这一粒沙与那一粒沙的区别你可能看出？旷野里，这一堆黄土和那一堆黄土的差异你是否能道明？

每个生命都很平凡，但每个生命都不卑微，所以，真正的智者不会让自己的生命陨落在无休无止的自怨自艾中，也不会甘于身心的平庸。

你可见过在悬崖峭壁上卓然屹立的松树？它深深地扎根于岩缝之中，努力舒展着自己的躯干，任凭阳光暴晒，风吹雨打，在残酷的环境中它始终保持着昂扬的斗志和积极的姿态。或许，它很平凡，只是一棵树而已，但是它并不平庸，它努力地保持着自己生命的傲然姿态。

有这样一个寓言让我们懂得：每个生命都不卑微，都是大千世界中不可或缺的一环，都在自己的位置上发挥着自己的作用。

一只老鼠掉进了一只桶里，怎么也出不来。老鼠吱吱地叫着，它发出了哀鸣，可是谁也听不见。可怜的老鼠心想，这只桶大概就是自己的坟墓了。正在这时，一只大象经过桶边，用鼻子把老鼠吊了出来。

"谢谢你，大象。你救了我的命，我希望能报答你。"

大象笑着说："你准备怎么报答我呢？你不过是一只小小的老鼠。"

过了一些日子，大象不幸被猎人捉住了。猎人用绳子把大象捆了起来，准备等天亮后运走。大象伤心地躺在地上，无论怎么挣扎，也无法把绳子扯断。

突然，小老鼠出现了。它开始咬着绳子，终于在天亮前咬断了绳子，替大象松了绑。

大象感激地说："谢谢你救了我的性命！你真的很强大！"

"不，其实我只是一只小小的老鼠。"小老鼠平静地回答。

每个生命都有自己绽放光彩的刹那，即使一只小小的老鼠，也能够拯救比自己体型大很多的巨象。故事中的这只老鼠正是星云大师所说的"有道者"，一个真正有道的人，即使别人看不起他，把他看成是卑贱的人，他也不受影响，因为他知道自己的人格、道德，不一定要求别人来了解、来重视。他依然会在自我的生命之旅中将智慧的种子撒播到世间各处。

有人说："平凡的人虽然不一定能成就一番惊天动地的大事业，但对他自己而言，能在生命过程中把自己点燃，即使自己是根小火柴，只能发出微微星火也就足够了；平庸的人也许是一大捆火药，但他没有找到自己的引线，在忙忙碌碌中消沉下去，变成了一堆哑药。"

也许你只是一朵残缺的花，只是一片熬过旱季的叶子，或是一张简单的纸、一块无奇的布，也许你只是时间长河中一个匆匆而逝的过客，不会吸引人们半点的目光和惊叹，但只要你拥有积极的心态，并将自己的长处发挥到极致，就会成为成功驾驭生活的勇士。

把自己"逼"上巅峰

把自己"逼"上巅峰，首先要给自己一片没有后路的悬崖，这样才能发挥出自己最大的能力，力挽狂澜的秘密就在于此。

中国有句成语叫"背水一战"。它的意思是背靠江河作战，没有退路，我们常常用它来比喻决一死战。背水一战，其实就是把自己的后路斩断，以此将自己逼上"巅峰"。这个成语来源于《史记·淮阴侯列传》，这个典故对于处于苦境中的人来说，至今仍有着启示意义。

　　韩信是汉王刘邦手下的大将，为了打败项羽，夺取天下，他为刘邦定计，先攻取了关中，然后东渡黄河，打败并俘虏了背叛刘邦、听命于项羽的魏王豹，接着韩信开始往东攻打赵王歇。

　　在攻打赵王时，韩信的部队要通过一道极狭的山口，叫井陉口。赵王手下的谋士李左车主张一面堵住井陉口，一面派兵抄小路切断汉军的辎重粮草，这样韩信小数量的远征部队没有后援，就一定会败走。但大将陈余不听，仗着兵力优势，坚持要与汉军正面作战。韩信了解到这一情况，不免对战况有些担心，但他同时心生一计。他命令部队在离井陉30里的地方安营，到了半夜，让将士们吃些点心，告诉他们打了胜仗再吃饱饭。随后，他派出两千轻骑从小路隐蔽前进，要他们在赵军离开营地后迅速冲入赵军营地，换上汉军旗号；又派一万军队故意背靠河水排列阵势来引诱赵军。

　　到了天明，韩信率军发动进攻，双方展开激战。不一会，汉军假意败回水边阵地，赵军全部离开营地，前来追击。这时，韩信命令主力部队出击，背水结阵的士兵因为没有退路，也回身猛扑敌军。赵军无法取胜，正要回营，忽然营中已插遍了汉军旗帜，于是四散奔逃。汉军乘胜追击，以少胜多，打了一个大胜仗。

　　在庆祝胜利的时候，将领们问韩信："兵法上说，列阵可以背靠山，前面可以临水泽，现在您让我们背靠水排阵，还说打败赵军再饱饱地吃一顿，我们当时不相信，然而最后竟然取胜了，这是一种什么策略呢？"

　　韩信笑着说："这也是兵法上有的，只是你们没有注意到罢了。兵法上不是说'陷之死地而后生，置之亡地而后存'吗？如果是有退路的地方，士兵都逃散了，怎么能让他们拼死一搏呢！"

　　所以在生活中，当我们遇到困难与绝境时，我们也应该如兵法中所说那样"置之死地而后生"，要有背水一战的勇气与决心，这样才能发挥自己最大的能力，将自己逼上生命的巅峰。在这种情况下，往往事情会出现极大的转机。

给自己一片没有退路的悬崖，把自己"逼"上巅峰，从某种意义上说，是给自己一个向生命高地冲锋的机会。如果我们想改变自己的现状，改变自己的命运，那么首先应该改变自己的心态。只要有背水一战的勇气与决心，我们一定能突破重重障碍，走出绝境。

所以我们要保持这样的心态，在使自己处于不断积极进取的状态时，就能形成自信、自爱、坚强等品质，这些品质可以让你的能力源源涌出。你若是想改变自己的处境，那么就改变自己身心所处的状态，勇敢地向命运挑战。一旦你决心背水一战，拼死一搏，你便可以把你蕴藏的无限潜能充分发挥出来，让自己创造奇迹，做出令人瞩目的成绩，登上命运的巅峰。

第六章

扛得住，
世界就是你的

我们把世界看错了，反说世界欺骗我们

　　这个世界上，许许多多的人都认为公平合理是生活中应有的现象。我们经常听人说："这不公平！""因为我没有那样做，你也没有权利那样做。"我们整天要求公平合理，每当发现公平不存在时，心里便不高兴。应当说，要求公平并不是错误的心理，但是，如果不能获得公平，就产生一种消极的情绪，这个问题就要注意了。

　　实际上绝对的公平并不存在，你要寻找绝对公平，就如同寻找神话传说中的宝物一样，是永远也找不到的。这个世界不是根据公平的原则而创造的，譬如，鸟吃虫子，对虫子来说是不公平的；蜘蛛吃苍蝇，对苍蝇来说是不公平的；豹吃狼、狼吃獾、獾吃鼠、鼠又吃……只要看看大自然就可以明白，这个世界并没有公平。飓风、海啸、地震等都是不公平的，公平只是神话中的概念。人们每天都过着不公平的生活，快乐或不快乐，是与公平无关的。

　　这并不是人类的悲哀，只是一种真实情况。

　　生活不总是公平的，这着实让人不愉快，但确是我们不得不接受的真实处境。我们许多人所犯的一个错误便是为了自己或他人感到遗憾，认为生活应该是公平的，或者终有一天会公平。其实不然，绝对的公平现在不会有，将来也不会有。

　　承认生活中充满着不公平这一事实的一个好处便是能激励我们去尽己所能，而不再自我伤感。我们知道让每件事情完美并不是"生活的使命"，而是我们自己对生活的挑战，承认这一事实也会让我们不再为他人遗憾。

　　每个人在成长、面对现实、做种种决定的过程中都会遇到不

同的难题，每个人都有成为牺牲品或遭到不公正对待的时候，承认生活并不总是公平这一事实，并不意味着我们不必尽己所能去改善生活，去改变整个世界；恰恰相反，它正表明我们应该这样做。

当我们没有意识到或不承认生活并不公平时，我们往往怜悯他人也怜悯自己，而怜悯自然是一种于事无补的失败主义的情绪，它只能令人感觉比现在更糟。但当我们真正意识到生活并不公平时，我们会对他人也对自己怀有同情，而同情是一种由衷的情感，所到之处都会散发出充满爱意的仁慈。当你发现自己在思考世界上的种种不公正时，可要提醒自己这一基本的事实。你或许会惊奇地发现它会将你从自我怜悯中拉出来，使你采取一些具有积极意义的行动。

公平公正能够向往，但不能依赖和强求，不要把堕落的责任推诸他人，更不能自欺欺人！许多不公平的经历我们是无法逃避的，也是无从选择的，我们只能接受已经存在的事实并进行自我调整，抗拒不但能毁了自己的生活，而且还会使自己精神崩溃。因此，人在无法改变不公和不幸的厄运时，只有学会接受它、适应它才能把人生航向调转过来，才能驶往自己真正的理想目的地。

生命的百孔千疮，是残忍的慈悲

"金无足赤，人无完人。"即使是全世界最出色的足球选手，10 次传球，也有 4 次失误；最棒的股票投资专家，也有马失前蹄的时候。我们每个人都不是完人，都有可能存在这样或那样的过失，谁能保证自己的一生不犯错误呢？也许只是程度不同罢了。如果你不断追求完美，对自己做错或没有达到完美标准的事深深自责，那么一辈子都会背着罪恶感生活。

过分苛求完美的人常常伴随着莫大的焦虑、沮丧和压抑。事情刚开始，他们就担心失败，生怕干得不够漂亮而不安，这就妨碍了他们全力以赴地去取得成功。而一旦遭遇失败，他们就会异常灰心，想尽快从失败的境遇中逃离。他们没有从失败中获取任何教训，而只是想方设法让自己避免尴尬的场面。

　　很显然，背负着如此沉重的精神包袱，不用说在事业上谋求成功，在自尊心、家庭问题、人际关系等方面，也不可能取得满意的效果。他们抱着一种不正确和不合逻辑的态度对待生活和工作，他们永远无法让自己感到满足。

　　日本有一名僧人叫奕堂，他曾在香积寺风外和尚处担任典座一职（即负责斋堂）。有一天，寺里有法事，由于情况特殊必

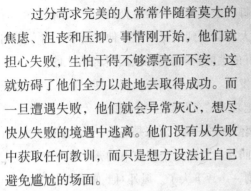

须提早进食。乱了手脚的奕堂匆匆忙忙地把白萝卜、胡萝卜、青菜随便洗一洗，切成大块就放到锅里去煮。他没有想到青菜里居然有条小蛇，就把煮好的菜盛到碗里直接端出来给客人吃。

客人一点儿也没发觉。当法事结束，客人回去后，风外把奕堂叫去，风外用筷子把碗中的东西挑起来问他：

"这是什么？"奕堂仔细一看，原来是蛇头。他心想这下完了，不过还是若无其事地回答："那是个胡萝卜的蒂头。"奕堂说完就把蛇头拿过来，咕噜一声吞下去了。风外对此佩服不已。

智者即是如此，犯了错误，他不会一味地自责、内疚或寻找借口，而是采取适度的方式正确地对待。

张爱玲在她的小说《红玫瑰与白玫瑰》中写了男主角佟振保的爱恋，同时也一针见血地道破了男人的心理以及完美之梦的破灭：白玫瑰有如圣洁的恋人，红玫瑰则是热烈的情人。娶了白玫瑰，久而久之，变成了胸口的一粒白米饭，而红玫瑰则有如胸口的痣痣；娶了红玫瑰，年复一年，则变成蚊帐上的一抹蚊子血，而白玫瑰则仿佛是床前明月光。

事实上，世界上根本就没有真正的"最大、最美"，人们要学会不对自己、他人苛求完美，对自己宽容一些，否则会浪费掉许许多多的时间和精力，最终只能在光阴蹉跎中悔恨。

世界并不完美，人生当有不足。对于每个人来讲，不完美的生活是客观存在的，无须怨天尤人。不要再继续偏执了，给自己的心留一条退路，不要因为不完美而恨自己，不要因为自己的一时之错而埋怨自己。看看身边的朋友，他们没有一个是十全十美的。

完美往往只会成为人生的负担，人绷紧了完美的弦，它却可能发不出优美的声音来。那些爱自己、宽容自己的人，才是生活的智者。

人生有多残酷，你就该有多坚强

　　成就平平的人往往是善于发现困难的"天才"，他们善于在每一项任务中都看到困难。他们莫名其妙地担心前进路上的困难，这使他们勇气尽失。他们对于困难似乎有惊人的"预见"能力。一旦开始行动，他们就开始寻找困难，时时刻刻等待着困难的出现。当然，最终他们发现了困难，并且被困难击败。这些人似乎戴着一副有色眼镜，除了困难，他们什么也看不见。他们前进的路上总是充满了"如果""但是""或者"和"不能"。这些东西足以使他们止步不前。

　　一个向困难屈服的人必定会一事无成，很多人不明白这一点。一个人的成就与他战胜困难的能力成正比。他战胜越多别人所不能战胜的困难，他取得的成就也就越大。如果你足够强大，那么困难和障碍会显得微不足道；如果你很弱小，那么障碍和困难就显得难以克服。有的人虽然知道自己要追求什么，却畏惧成功道路上的困难。他们常常把一个小小的困难想象得比登天还难，一味地悲观叹息，直到失去了克服困难的机会。那些因为一点点困难就止步不前的人，与没有任何志向、抱负的庸人无异，他们终将一事无成。

　　成就大业的人，面对困难时从不犹豫徘徊，从不怀疑自己克服困难的能力，他们总是能紧紧抓住自己的目标。对他们来说，自己的目标是伟大而令人兴奋的，他们会向着自己的目标坚持不懈地攀登，而暂时的困难对他们来说则微不足道。伟人只关心一个问题："这件事情可以完成吗？"而不管他将遇到多少困难。

只要事情是可能的，所有的困难就都可以克服。

我们随处可见自己给自己制造障碍的人。在每一个学校或公司董事会中或多或少地都有这样的人。他们总是善于夸大困难，小题大做。如果一切事情都依靠这种人，结果就会一事无成。如果听从这些人的建议，那么一切造福这个世界的伟大创造和成就都不会存在。

一个会取得成功的人也会看到困难，却从不惧怕困难，因为他相信自己能战胜这些困难，他相信一往无前的勇气能扫除这些障碍。有了决心和信心，这些困难又能算得了什么呢？对拿破仑来说，阿尔卑斯山算不了什么。并非阿尔卑斯山不可怕，冬天的阿尔卑斯山几乎是不可翻越的，但拿破仑觉得自己比阿尔卑斯山更强大。

虽然在法国将军们的眼里，翻越阿尔卑斯山太困难了，但是他们那伟大领袖的目光却早已越过了阿尔卑斯山上的终年积雪，看到了山那边碧绿的平原。

乐观地面对困难，多一些快乐，少一些烦恼，你会惊奇地发现，这不仅会使你的工作充满乐趣，还会让你获得幸福。你会发现，自己成了一个更优秀、更完美的人。你用充满阳光的心灵轻松地去面对困难，就能保持自己心灵的和谐。而有的人却因为这些困难而痛苦，失去了心灵的和谐。

你怎样看待周围的事物完全取决于你自己的态度。每一个人的心中都有乐观向上的力量，它使你在黑暗中看到光明，在痛苦中看到快乐。每一个人都有一个水晶镜片，可以把昏暗的光线变成七色彩虹。

夏洛特·吉尔曼在他的《一块绊脚石》中描述了一个登山的

行者，突然发现一块巨大的石头摆在他的面前，挡住了他的去路。他悲观失望，祈求这块巨石赶快离开，但它一动不动。他愤怒了，大声咒骂，他跪下祈求它让路，它仍旧纹丝不动。行者无助地坐在这块石头前，突然间他鼓起了勇气，最终解决了困难。用他自己的话说："我摘下帽子，拿起我的手杖，卸下我沉重的负担，我径直向着那可恶的石头冲过去，不经意间，我就翻了过去，好像它根本不存在一样。如果我们下定决心，直面困难，而不是畏缩不前，那么，大部分的困难就根本不算什么困难。"

脚踏实地，拒绝抱怨

在现实中，我们难免要遭遇挫折与不公正待遇，每当这时，有些人往往会产生不满，不满通常会引起牢骚，希望以此引起更多人的同情，吸引别人的注意力。从心理角度讲，这是一种正常的心理自卫行为。但这种自卫行为同时也是许多人心中的痛，牢骚、抱怨会削弱责任心，降低工作积极性，这几乎是所有人为之担心的问题。

通往成功的征途不可能一帆风顺，遭遇困难是常有之事。事业的低谷、种种的不如意让你仿佛置身于荒无人烟的沙漠，没有食物也没有水。这种漫长的、连绵不断的挫折往往比那些虽巨大但却可以速战速决的困难更难战胜。在面对这些挫折时，许多人不是积极地去找一种方法化险为夷，绝处逢生，而是一味地急躁，抱怨命运的不公平，抱怨生活给予他的太少，抱怨时运的不佳。

奎尔是一家汽车修理厂的修理工，从进厂的第一天起，他就开始喋喋不休地抱怨，"修理这活太脏了，瞧瞧我身上弄的"，"真累呀，我简直讨厌死这份工作了"……每天，奎尔都在抱怨和不满的情绪中度过。他认为自己在受煎熬，就像奴隶一样卖苦力。因此，奎尔每时每刻都窥视着师傅的眼神与行动，稍有空隙，他便偷懒耍滑，应付手中的工作。

转眼几年过去了，当时与奎尔一同进厂的三个工友，各自凭着精湛的手艺，或另谋高就，或被公司送进大学进修，独有奎尔，仍旧在抱怨声中做他讨厌的修理工。

提及抱怨与责任，有位企业领导者一针见血地指出："抱怨是失败的一个借口，是逃避责任的理由。这样的人没有胸怀，很难担当大任。"仔细观察任何一个管理健全的机构，你会发现，没有人会因为喋喋不休的抱怨而获得奖励和提升。这是再自然不过的事了。想象一下，船上水手如果总不停地抱怨：这艘船怎么这么破，船上的环境太差了，食物简直难以下咽，以及有一个多么愚蠢的船长。这时，你认为，这名水手的责任心会有多大？对工作会尽职尽责吗？假如你是船长，你是否敢让他做重要的工作？

如果你受雇于某个公司，发誓对工作竭尽全力、主动负责吧！只要你依然还是整体中的一员，就不要谴责它，不要伤害它，否则你只会诋毁你的公司，同时也断送了自己的前程。如果你对公司、对工作有满腹的牢骚无从宣泄时，做个选择吧。一是选择离开，到公司的门外去宣泄，当你选择留在这里的时候，就应该做到在其位谋其政，全身心地投入到公司的工作上来，为更好地完成工作而努力。记住，这是你的责任。

一个人的发展往往会受到很多因素的影响，这些因素有很多是自己无法把握的，工作不被认同、才能不被重用、职业发展受挫、上司待人不公平、别人总用有色眼镜看自己……这时，能够拯救自己出泥潭的只有自己，与其抱怨不如去改变。

比尔·盖茨曾告诫初入社会的年轻人：社会是不公平的，这种不公平遍布于个人发展的每一个阶段。在这一现实面前任何急躁、抱怨都没有益处，只有坦然地接受这一现实并努力去寻求改变的方法，才能扭转这种不公平，使自己的事业有进一步发展的可能。

把眼泪留给最疼你的人，把微笑留给伤你最深的人

一个成功的人，一个有眼光和思想的人，都会感谢折磨自己的人和事，唯有以这种态度面对人生，才能走向成功。

人生活在这个世界上，总会经历这样那样的烦心事，这些事总是会折磨人的心，使人不得安稳。尤其对于刚刚大学毕业的年轻人，他们刚在社会中立足，还未完全成长起来，却要承受社会的种种压力，比如待业、失恋、职场压力等。而且还没有摆脱学生气的他们本身就是一个脆弱的群体，往往在这些折磨面前束手无策。

其实，世间的事就是这样，如果你改变不了世界，那就要改变你自己。换一种眼光去看世界，你会发现所有的"折磨"其实都是促进你成长的"清新氧气"。

人们往往把外界的折磨看作人生中消极的、应该完全否定的东西。当然，外界的折磨不同于主动的冒险，冒险可以带来一种挑战的快感，而我们忍受折磨总是迫不得已的。但是，人生中的折磨总是完全消极的吗？清代金兰生在《格言联璧》中写道："经一番挫折，长一番见识；容一番横逆，增一番气度。"由此可见，那些挫折和折磨对人生不但不是消极的，还是一种促进你成长的积极因素。

生命是一次次的蜕变过程。唯有经历各种各样的折磨，才能增加生命的厚度。只有通过一次又一次与各种折磨握手，历经反反复复几个回合的较量之后，人生的阅历就在这个过程中日积月累、不断丰富。

在人生的岔道口，若我们选择了一条平坦的大道，我们可能会有一个舒适而享乐的青春，但我们会失去很好的历练机会；若我们选择了坎坷的小路，我们的青春也许会充满痛苦，但人生的真谛也许因此被我们发现了。

蝴蝶的幼虫是在茧中度过的，当它的生命要发生质的飞跃时，狭小通道对它来讲无疑成了鬼门关，那娇嫩的身躯必须竭尽全力才可以破茧而出，许多幼虫在往外冲的时候力竭身亡。

有人怀了悲悯恻隐之心，企图将那幼虫的生命通道修得宽阔一些，他们用剪刀把茧的洞口剪大。但是，这样一来，所有受到帮助而见到天日的蝴蝶无论如何也飞不起来，只能拖着丧失了飞翔功能的双翅在地上笨拙地爬行！原来，那"鬼门关"般的狭小茧洞恰是帮助蝴蝶幼虫两翼成长的关键所在，穿越的时候，通过用力挤压，血液才能被顺利输送到蝶翼的组织中去；唯有两翼充血，蝴蝶才能振翅飞翔。人为地将茧洞剪大，蝴蝶的翼翅就没有充血的机会，爬出来的蝴蝶便永远与飞翔绝缘。

一个人的成长过程恰似蝴蝶的破茧过程，在痛苦的挣扎中，意志得到磨炼，力量得到加强，心智得到提高，生命在痛苦中得到升华。当你从痛苦中走出来时，就会发现，你已经拥有了飞翔的力量。如果没有挫折，也许就会像那些受到"帮助"的蝴蝶一样，萎缩了双翼，平庸一生。

失败和挫折，其实并不可怕，正是它们才教会我们如何寻找到经验与教训。如果一路都是坦途，那我们也只能沦为平庸。

没有经历过风霜雨雪的花朵，无论如何也结不出丰硕的果实。或许我们习惯羡慕他人所获得的成功，但是别忘了，温室的花朵注定经不起风霜的考验。正所谓"台上十分钟，台下十年功"，在光荣的背后一定会有汗水与泪水共同浇铸的艰辛。

所以，一个成功的人，一个有眼光和思想的人，都会感谢折磨自己的人和事，唯有以这种态度面对人生，才能走向成功。

不要为旧的悲伤，浪费新的眼泪

为了采集眼前将逝的花朵而花费太多的时间和精力是不值得的，道路还长，前面还有更多的花朵，吸引我们一路走下去……

我们生活在现在，面向着未来，过去的一切，都被时间之水冲得一去不复返。所以，我们没有必要念念不忘曾经的那些不愉快、那些与别人的仇怨。念念不忘，只能被它腐蚀，而变得更加憎恨和怨怼。

文学大师鲁迅笔下的祥林嫂，心爱的儿子被狼叼走后，痛苦得心如刀割，她逢人就诉说自己儿子的不幸。起初，人们对她还寄予同情。但她一而再再而三地讲，周围的人们就开始厌烦，她自己也更加痛苦，以致麻木了。老是向别人反复讲述自己的痛苦，就会使自己久久不能忘记这些痛苦，更长久地受到痛苦的折磨。

当然，我们不是主张完全不去看它，采取逃避的态度。而是说，一方面，情感不要长久地停留在痛苦的事情上；另一方面，我们的理智应当多在挫折和坎坷上寻找突破口，力争克服它、解决它。

学会忘记可以使我们真正放下心中的烦恼和不平衡的情绪。让我们在失意之余，有机会喘一口气，恢复体力。

哲人康德是一位懂得忘怀之道的人，当有一天，他发现自己最信赖又依靠的仆人兰佩，一直有计划地偷盗他的财物时，便把他辞退了。但康德又十分怀念他。于是，他在日记上写下悲伤的一行："记住！要忘掉兰佩！"

真正说来，一个人并不那么容易忘掉伤心的往事。不过，当它浮现时，我们必须懂得不陷于悲伤的情绪，必须提防自己再度陷入愤恨、恐惧和无助的哀愁里。这时，最好的方法就是扭转念头去专心工作，计划未来，或者去运动、旅行。有一首禅诗说：

春有百花秋有月，夏有凉风冬有雪。
若无闲事挂心头，便是人间好时节。

一个人如果学习了忘怀之道，不愉快便自然消失，代之而起的是朝气蓬勃的新生，成功将发出耀眼的光辉。有许多事情，遗忘是一种解脱，是心灵的净化，是伤口痊愈的良药。

一位风烛残年的老人在日记簿上记下了这段生命的醒悟：

如果我可以从头活一次，我要尝试更多的错误。我不会总朝后看，而不看未来的路。我情愿多休息，随遇而安，处世糊涂一点，不对已经发生的事难过或者伤悲。其实人生那么短暂，实在不值得花时间不停地缅怀过去。

可以的话，我会朝未来的道路前行，去自己没去过的地方，多旅行，跋山涉水，危险的地方也不怕去一去。以前我经常因为已经发生的些许小事情而懊恼，比如因为丢了东西而深深责备自己，一遍一遍假设要是把东西事先交给××就好了，然后很长时间都在为丢失的东西心疼。此刻我是多么后悔。过去的日子，我实在活得太小心，每一分每一秒都不容有失。稍微有了过失就埋怨和批评自己，还用同样的标准去对待别人，一遍一遍叨唠别人不对的地方。

如果一切可以重新开始，我不会过分在意宠辱得失，我也不会花很长的时间来诅咒那些伤害过我的人们。诅咒或者伤悲都没有改变事实，还消磨了我生命中不多的时间。我会用心享受每一分、每一秒。如果可以重来，我只想美好的事情，用这个身体好好地感受世界的美丽与和谐。还有，我会去游乐园多玩几圈木马，多看几次日出，和公园里的小朋友玩耍。

如果人生可以从头开始……但我知道，不可能了。

人生没有很多如果，人的生命和时间总是有限的，当你看完老人的日记以后也许就能明白为什么很多老人总是会有一副安详的表情，不急不躁，不过喜也不大悲，因为他们懂得时间的宝贵，把珍贵的时间用来感伤过去，那是在浪费生命。忘记过去，生命应该有更好的价值可以实现。

生命中的痛苦是盐，它的咸淡取决于盛它的容器

从前有座山，山里有座庙，庙里有个年轻的小和尚，他过得很不快乐，整天为了一些鸡毛蒜皮的小事唉声叹气。后来，他对师父说："师父啊！我总是烦恼，爱生气，请您开导开导我吧！"

老和尚说："你先去集市买一袋盐。"

小和尚买回来后，老和尚吩咐道："你抓一把盐放入一杯水中，待盐溶化后，喝上一口。"小和尚喝完后，老和尚问："味道如何？"

小和尚皱着眉头答道："又咸又苦。"

　　然后，老和尚又带着小和尚来到湖边，吩咐道："你把剩下的盐撒进湖里，再尝尝湖水。"弟子撒完盐，弯腰捧起湖水尝了尝，老和尚问道："什么味道？"

　　"纯净甜美。"小和尚答道。

　　"尝到咸味了吗？"老和尚又问。

　　"没有。"小和尚答道。

　　老和尚点了点头，微笑着对小和尚说道："生命中的痛苦就像盐的咸味，我们所能感受和体验的程度，取决于我们将它放在多大的容器里。"小和尚若有所悟。

　　老和尚所说的容器，其实就是我们的心量，它的"容量"决定了痛苦的浓淡，心量越大烦恼越轻，心量越小烦恼越重。心量

小的人，容不得，忍不得，受不得，装不下大格局。有成就的人，往往也是心量宽广的人，看那些"心包太虚，量周沙界"的古圣大德，都为人类留下了丰富而宝贵的物质财富和精神财富。

其实，我们每个人一生中总会遇到许多盐粒似的痛苦，它们在苍白的心境下泛着清冷的白光，如果你的容器有限，就和不快乐的小和尚一样，只能尝到又咸又苦的盐水。

一个人的心量有多大，他的成就就有多大，不为一己之利去争、去斗、去夺，扫除报复之心和嫉妒之念，则心胸广阔天地宽。当你能把虚空宇宙都包容在心中时，你的心量自然就能如同天空一样广大。无论荣辱悲喜、成败冷暖，只要心量放大，自然能做到风雨不惊。

寒山曾问拾得："世间有人谤我、欺我、辱我、笑我、轻我、贱我、骗我，如何处之？"拾得答道："只要忍他、让他、避他、由他、耐他、敬他、不理他，再过几年，你且看他。"如果说生命中的痛苦是无法自控的，那么我们唯有拓宽自己的心量，才能获得人生的愉悦。通过内心的调整去适应、去承受必须经历的苦难，从苦涩中体味心量是否足够宽广，从忍耐中感悟暗夜中的成长。

心量是一个可开合的容器，当我们只顾自己的私欲，它就会愈缩愈小；当我们能站在别人的立场上考虑，它又会渐渐舒展开来。若事事斤斤计较，便把自心局限在一个很小的框框里。这种处世心态，既轻薄了自身的能力，又轻薄了自己的品格。

心量是大还是小，在于自己愿不愿意敞开。一念之差，心的格局便不一样，它可以大如宇宙，也可以小如微尘。我们的心，要和海一样，任何大江小溪都要容纳；要和云一样，任何天涯海角都愿遨游；要和山一样，任何飞禽走兽，都不排拒；要和土地一样，任何脚印车轨，都能承担。这样，我们才不会因一些小事而心绪不宁、烦躁苦闷！

把心打开吧，用更宽阔的心量来经营未来，你将拥有一个别样的人生！

第七章

没有伞的孩子，
必须更努力地奔跑

有人帮你是幸运，没人帮你是正常

人生在世，独立是一生的财富。有了"自己的事自己干"的信念，你就可以真正地享受自己的生活。

江斯顿是美国前总统林肯继母的儿子，他平时不求上进，常常生活无着落。一次，他写信向林肯借钱，林肯很快写了一封回信。

亲爱的江斯顿：

你向我借 80 元钱。我觉得目前最好不要借给你。所有的问题都源于你那浪费时间的恶习，改掉这种习惯对你来说很重要，而对你的儿女则更为重要。因为，他们的人生之路还很长，在没有养成闲散的习惯之前，尚可加以制止。我建议你去工作，去找个雇人的老板，为他"卖力地"工作。为了使你的劳动获得好的酬金，我现在可以答应你，从今天起，只要你工作挣到 1 元钱或是偿还了 1 元钱的债，我就再给你 1 元钱。

这样的话，如果你每月挣 10 元钱，你可以从我这里再得到 10 元钱，那么你一个月就可赚 20 元钱。我不是说让你到圣路易或加利福尼亚州的铅矿、金矿去，而是让你在离家近的地方找个最挣钱的工作——就在柯尔斯县境内。

如果你愿意这样做，很快就能还清债务。更重要的是你会养成不再欠债的好习惯。但如果我现在帮你还了债，明年你又会负债累累。照我说的做，保证你工作四五个月后就能挣到那 80 元钱。

你说，如果我借给你钱，你愿意把田产抵押给我，若是将来还不清钱，田地就归我所有……胡说八道！

假如你现在有田地都无法生存，将来没有了田地又怎么能存活呢？你一向对我很好，我现在也不是对你无情无义，如果你肯采纳我的建议，你会发现，对你来说，这比8个80元钱还值！

挚爱你的哥哥亚·林肯

林肯的信，至今仍有积极意义。一个追求幸福的人，绝不可丢弃自立自强的信念。

你无须反对他人，但一定要支持自己

每一个人的一生都是自己的，走怎样的路都只能由自己决定，从来没有什么圣人、高人可以帮你。幸福也是一样，每一个人对幸福都有不同的感觉，真正属于自己的幸福，只有自己能感觉得到。

1947年，美孚石油公司董事长贝里奇到开普敦巡视工作。在卫生间里，他看到一位黑人小伙子正跪在地板上擦上面的水渍，并且每擦一下，都虔诚地叩一下头。贝里奇感到很奇怪，问他为何如此？黑人答，在感谢一位圣人。贝里奇问他为何要感谢那位圣人？黑人说，是他帮自己找到了这份工作，让他终于有了饭吃。

贝里奇笑了，说："我曾遇到一位圣人，他使我成了美孚石油公司的董事长，你愿意见他一下吗？"黑人说，"我是个孤儿，从小靠锡克教会养大，我很想报答养育过我的人，这位圣人若使我吃饱之后，还有余钱，我愿去拜访他。"

贝里奇说，"你一定知道，南非有一座很有名的山，叫大温特胡克山。据我所知，那上面住着一位圣人，能为人指点迷津，凡是能遇到他的人都会前程似锦。20年前，我去南非登上过那座山，正巧遇到他，并得到他的指点。假如你愿意去拜访，我可以向你的经理说情，准你一个月的假。"这位年轻的黑人谢过贝里奇后就上路了。在 30 天的时间里，他一路披荆斩棘，风餐露宿，历尽艰辛，终于登上了白雪覆盖的大温特胡克山，他在山顶徘徊了一天，除了自己，什么都没有遇到。

黑人小伙子很失望地回来了，他见到贝里奇后，说的第一句话是："董事长先生，一路上我处处留意，直至山顶，我发现，除了我之外，根本没有什么圣人。"贝里奇："你说得很对，除你之外，根本没有什么圣人。"

20 年后，这位黑人小伙做了美孚公司开普敦分公司的总经理，他的名字叫贾姆讷。2000 年，世界经济论坛大会在上海召开，他作为美孚石油公司的代表参加了大会，在一次记者招待会上，针对他的传奇一生，他说了这么一句话：你发现自己的那一天，那就是你遇到圣人的时候。

一个乞丐来到一个庭院，向女主人乞讨。这个乞丐很可怜，他的右手连同整条手臂断掉了，空空的袖子晃荡着，让人看了很难过，碰上谁，都会慷慨施舍的，可是女主人毫不客气地指着门前一堆砖对乞丐说："你帮我把这砖搬到屋后去吧。"

乞丐生气地说："我只有一只手，你还忍心叫我搬砖，不愿给就不给，何必捉弄人呢？"

女主人并不生气，俯身搬起砖来。她故意用一只手搬了一趟，说："你看，并不是非要两只手才能干活。我能干，你为什么不能干呢？"

乞丐怔住了，他用异样的眼光看着妇人，尖突的喉结像一枚橄榄上下滑动了两下，终于他俯下身子，用他那唯一的一只手搬起砖来，一次只能搬两块，他整整搬了 4 个小时，才把砖搬完，累得气喘如牛，脸上有很多灰尘，几缕乱发被汗水濡湿了，歪贴在额头上。

妇人递给乞丐一条雪白的毛巾，乞丐接过去，很仔细地把脸和脖子擦了一遍，白毛巾变成了黑毛巾。

妇人又递给乞丐20元钱，乞丐接过钱，感激地说了声："谢谢您。"

妇人说："你不用谢我，这是你自己凭力气挣的工钱啊！"

乞丐说："我不会忘记您的，这条毛巾留给我做个纪念吧。"说完深深地鞠了一躬，就上路了。

过了很多天，又有一个乞丐来这里乞讨，那妇人又让他把以前搬到屋后的砖搬到屋前去，可乞丐却以身体有残疾不能劳动为由，拒绝了妇人的要求，不屑地走开了。

妇人的孩子不解地问母亲："上次您让那乞丐把砖从屋前搬到屋后，为何这次您又让这人搬到屋前呢？"

母亲对他说："砖放在屋前屋后都一样，可搬与不搬对他们却不一样。"

若干年后，一个很体面的人来到这个庭院，他西装革履，气度不凡，美中不足的是，这个人只有一只手。他俯下身，对坐在院中的已有些老态的女主人说："如果没有您，我还是个乞丐，可现在我成了公司的董事长。"

老妇人只是淡淡地对他说："这是你自己干出来的。"

依赖别人就像乞讨，这种习惯会消磨你的斗志，是阻止你迈向成功的一个个绊脚石，要想成大事你必须把它们一个个踢开。

对成大事者而言，拒绝依赖他人是对自己能力的一大考验。这就是说，依附于别人是肯定不行的，因为这是把命运交给了别人，而失去做大事的主动权。

有些人一遇到什么事，首先想到的是求人帮助；有些人不管有事没事，总喜欢跟在别人身后，以为别人能解决他的一切疑难。这样的人，就是有依赖心理的人。

一个完全健康的人的特征之一就是有充分的自主性和独立性。每一个人的一生都是自己的，走怎样的路都只能由自己决定，你是你自己的圣人。

敢为天下先者胜

如果没有那些"敢为天下先"的人去进行这些创新，人们现在的好日子就会像房梁上挂烙饼——望得见，吃不着。"敢为天下先"是每一个成功者必不可少的精神，"敢为天下先"是积极进取的精神，是创新的精神；而"不敢为天下先"则是保守、被动的，实质是一种没出息的表现。

由此可见，要在竞争中成为优胜者，必须具备"敢为天下先"的精神。只有具备了这种精神，才有可能前进，才有可能发展，否则，只能永远做一个平庸者，跟在别人后头品尝苦果。

相信自己，敢为天下先，我们才能赢得事业发展的机遇。被称为美容界"魔女"的英国人安妮塔，曾位列世界十大富豪之一，她拥有数千家美容连锁店，不过，安妮塔为这个庞大的美容"帝国"制造商机时，从没有花过一分钱的广告费。这在整个商业社会不能不说是懂得创新，敢为天下先的奇迹。

安妮塔于1971年贷款4000英镑开了第一家美容小店。她在肯辛顿公园靠近市中心地带的市民区租了一间店铺，并把它漆成绿色。虽然美容小店的这种所谓"独创"的著名风格（众所周知，绿色属于暗色，用它做主色不醒目），其真实缘由完全出于无目的，但这种直觉的超前意识却是新鲜而又和谐的。因为天然色就是绿色。

美容小店艰难地起步了，在花花绿绿的现代社会里并不惹眼，而且尤为糟糕的是，在安妮塔的预算中，没有广告宣传费。正当安妮塔为此焦虑不安时，安妮塔收到一封律师来函。

这位律师受两家殡仪馆的委托控告她，要她要么不开业，要么就改变店外装饰，原因是像"美容小店"这种花哨的店外装饰，势必破坏附近殡仪馆的庄严肃穆的气氛，从而影响业主的生意。

安妮塔又好气又好笑。无奈中她灵机一动，打了一个匿名电话给布利顿的《观察晚报》，声称她知道一个吸引读者扩大销路的独家新闻。黑手党经营的殡仪馆正在恫吓一个手无缚鸡之力的可怜女人——罗蒂克·安妮塔，这个女人只不过想在她丈夫准备骑马旅行探险的时候，开一家经营天然化妆品的美容小店维持生计而已。

《观察晚报》果然上当。它在显著位置报道了这个新闻，不少富有同情心并仗义的读者都来美容小店安慰安妮塔，由于舆论的作用，那位律师也没有来找麻烦。小店尚未开业，就在布利顿出了名。

开业初几天，美容小店顾客盈门，热闹非凡。然而不久，一切发生了戏剧性的变化，顾客渐少，生意日淡，最差时一周营业额才130英镑。事实上，小店一经营业，每周必须进账300英镑才能维持下去，为此安妮塔把进账300英镑作为奋斗的目标和成功与否的准绳。

经过深刻的反思，安妮塔终于发现，新奇感只能维持一时，不能维持一世。自己的小店最缺少的是宣传，在她看来，美容小

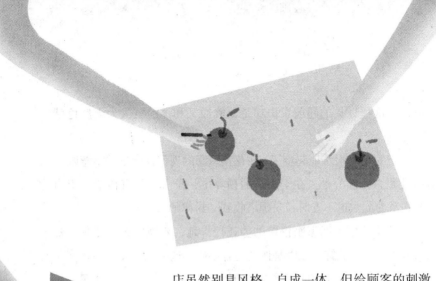

店虽然别具风格，自成一体，但给顾客的刺激还远远不够，需要马上加以改进。

一个凉风习习的早晨，市民们迎着初升的太阳在肯辛顿公园，发现一个奇怪的现象：一个披着曲卷散发的古怪女人沿着街道往树叶或草坪上喷洒草泽香水，清馨的香气随着袅袅的晨雾，飘散得很远很远。她就是安妮塔——美容小店的女老板。她要营造一条通往美容小店的馨香之路，让人们认识并爱上美容小店，闻香而来，成为美容小店的常客。

她的这些非常奇特意外的举动，又

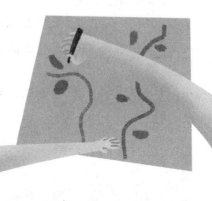

一次上了布利顿的《观察晚报》的版面。

　　无独有偶，当初美容小店进军美国时，临开张的前几周，纽约的广告商纷至沓来，热情洋溢要为美容小店做广告。他们相信，美容小店一定会接受他们的热情，因为在美国，离开了广告，商家几乎寸步难行。

　　安妮塔却态度鲜明："先生，实在是抱歉，我们的预算费用中没有广告费用这一项。"

　　美容小店离经叛道的做法，引起美国商界的纷纷议论，纽约商界的常识：外国零售商要想在商号林立的纽约立足，若无大量广告支持，说得好听是有勇无谋，说得难听无异于自杀。

　　敏感的纽约新闻界没有漏掉这一"奇闻"，他们在客观报道的同时，还加以评论。读者开始关注起这家来自英国的企业，觉得这家美容小店确实很怪。

　　这实际上已起到了广告宣传作用，安妮塔并没有去刻意策划，但却节省了上百万美元的广告费。

　　到了后来，美容小店的发展规模及影响足以引起新闻界的瞩目时，安妮塔就更没有做广告的想法。但是当新闻界采访安妮塔或者电视台邀请她去制作节目时，她总是表现得很活跃。

安妮塔就是依靠这一系列的标新立异的做法使最初的一间美容小店扩张成跨国连锁美容集团的，她的公司于 1984 年上市之后，很快就使她步入亿万富翁的行列。

安妮塔虽然没有向媒体支付过一分钱的广告费，但却以自己不断推出的标新立异的做法始终受到媒体的关注，使媒体不自觉地时常为其免费做"广告"，其手法令人拍案叫绝。

"敢为天下先"，做别人没做过的事情，确实要冒一定的风险，弄不好还要跌跟斗；然而，没有这种"敢"的勇气，天下永远是陈规陋习，何来革新、何来创造、何来发展？

在世界科技日新月异发展的今天，创新成为经济和社会发展的主导力量。创新的关键就是要勤于学习，善于思考，解放思想，敢于做前人没做过的事。自信的人，拿出新思维、新模式、新内容、新姿态为世界增添无数的新事物。

每个生命都从不卑微

著名企业家迈克尔出身贫寒，家境穷困潦倒。在从商以前，他曾是一家酒店的服务生，干的就是替客人搬运行李、擦车的活儿。

有一天，一辆豪华的劳斯莱斯轿车停在酒店门口，车主人吩咐一声："把车洗洗。"迈克尔那时刚刚中学毕业，还没有见过世面，从未见过这么漂亮的车子，不免有几分惊喜。他边洗边欣赏这辆车，擦完后，忍不住拉开车门，想上去享受一番。这时，正巧领班走了出来，"你在干什么？穷光蛋！"领班训斥道，"你不知道自己的身份和地位吗？你这种人一辈子也不配坐劳斯莱斯！"

受辱的迈克尔从此发誓："这一辈子我不但要坐上劳斯莱斯，还要拥有自己的劳斯莱斯！"

他的决心是如此强烈，以至于成了他人生的奋斗目标。许多年以后，当他事业有成时，果然买了一辆劳斯莱斯轿车！如果迈克尔也像领班一样认定自己的命运，那么，也许今天他还在替人擦车、搬运行李，最多做一个领班。而高普一语道破天机，他说："并非每一次不幸都是灾难，早年的逆境通常是一种幸运，与困难作斗争不仅磨炼了我们的人生，也为日后更为激烈的竞争准备了丰富的经验。"

美国 NBA 男子职业联赛中有一个夏洛特黄蜂队，黄蜂队有一位身高仅 1.60 米的运动员，他就是蒂尼·博格斯——NBA 最矮的球星。博格斯这么矮，怎么能在巨人如林的篮球场上竞技，并且跻身大名鼎鼎的 NBA 球星之列呢？这是因为博格斯的自信。

博格斯自幼十分喜爱篮球，但由于身材矮小，伙伴们瞧不起他。有一天，他很伤心地问妈妈："妈妈，我还能长高吗？"妈妈鼓励他："孩子，你能长高，长得很高很高，会成为人人都知道的大球星。"从此，长高的梦像天上的云在他心里飘动着，每时每刻都闪烁着希望的火花。

"业余球星"的生活即将结束了，博格斯面临着更严峻的考验——1.60 米的身高能打好职业赛吗？

博格斯横下心来，决定要在高手如云的 NBA 赛场上闯出自己的一片天地。"别人说我矮，反倒成了我的动力，我偏要证明矮个子也能做大事情。"在威克·福莱斯特大学和华盛顿子弹队的赛场上，人们看到蒂尼·博格斯简直就是个"地滚虎"，从下方来的球 90% 都被他收走……

后来，凭借精彩出众的表现，蒂尼·博格斯加入了实力强大的夏洛特黄蜂队，在他的一份技术分析表上写着：投篮命中率50%，罚球命中率90%……

一份杂志专门为他撰文，说他个人技术好，发挥了矮个子重心低的特长，成为一名使对手害怕的断球能手。"夏洛特的成功在于博格斯的矮"，不知是谁喊出了这样的口号。许多人都赞同这一说法，许多广告商也推出了"矮球星"的照片，上面是博格斯淳朴的微笑。

成为著名球星的博格斯始终牢记着当年妈妈鼓励他的话，虽然他没有长得很高很高，但可以告慰妈妈的是，他已经成为人人都知道的大球星了。

其实，每个生命都不卑微。在我们的生活中，也许我们常常会看到这样的人，他们因自己角色的卑微而否定自己的智慧，因自己地位的低下而放弃自己的梦想，有时甚至因被人歧视而消沉，因不被人赏识而苦恼。这个时候，我们就应该给予他们更多的支持和鼓励，而不是冷漠的鄙视和嘲笑。

坚强的自信心是远离痛苦的唯一方法

自信的释义是：对自己恰当、适度的信心，也是心理健康的重要标志。如果你有了自信，你就是最有魅力的人。

做一个不依不靠、独立自主的人，并不一定非得是那种自主创业的强人，但是在内心深处必须要有一个信念，一定要做强者！

心态决定一切，尤其是你对自己本人的态度，这不仅决定着每一件具体事情的结果，更决定着你将面临一个什么样的命运。

老天对每一个人都是公平的：如果没给你一个漂亮的面孔，

一定会给你相当高的智商；如果没有给你一副苗条的身材，一定会给你一个健壮的身体；如果没有给你白皙的皮肤，一定会给你一张可人的笑脸……总之，不会厚此薄彼。只有最自信的人、最有勇气追求的人才最有魅力可言。

小青是一个极其普通的农村女青年，当年高考落榜后，她不甘消沉，勤奋苦学。后来，她到大城市去打工，日子的艰苦自然能够想象得到。一个外地人受本地人欺压不说，有时一天三餐都吃不饱，可是小青并没有因为生活的艰辛而放弃梦想，她一直坚信自己可以摆脱这种穷苦的生活。

后来，她到一家报社毛遂自荐要当一名记者，她的文笔确实不错，思维很敏捷，并且不要一分工资，因而成功被录用。小青的日常生活就靠写稿来维持。经过几年的努力，她成了一位颇有名气的记者，而且在所有女记者当中，她是最年轻的一位。

自信是成功人生最初的驱动力，是人生的一种积极的态度和向上的激情。在我们周围，有许多人或许没有迷人的外表，或许没有骄人的年龄，但是他们拥有自信，每天都开心地面对工作和生活，给朋友的笑容永远是最灿烂的，声音永远是最甜美的，祝福也是最真诚的。他们总是给人一种赏心悦目、如沐春风的感觉，他们凭着自己的信心去过自己想要的生活，这样的人永远自信快乐。

我们可以从下面这些途径和方法中找到自己的自信。

1. 挑前面的位置坐

日常生活中，在教室或教堂的各种聚会中，不难发现后排的位置总是先被坐满。大部分选择后面座位的人有个共同点，就是缺乏自信。坐在前面能建立自信，把它作为一个准则试试看。当然，坐在前面会惹人注目，但是要明白，显眼是成功的一切。

2.试着当众发言

许多有才华的人却无法发挥他们的长处参与到讨论中，他们并不是不想发言，而是缺乏自信。从积极这个角度来说，尽量地发言会增强自己的信心，不论是赞扬还是批评，都要大胆地说出来，不要害怕自己的话说出来会让人嘲笑，总会有人同意你的意见，所以不要再问自己："我应该说出来吗？"

该说的时候一定要大声说出来，提高自信心的一个强心剂就是语言能力。一个人如果可以把自己的想法清晰、明确地表达出来，那么他一定具有明确的目标和坚定的信心。

3.加快自己的走路速度

通常情况下，一个人在工作、情绪上的不愉快，可以从他松散的姿势、懒惰的眼神上看出来。心理学家指出，改变自己的走路姿势和速度，可以改变心理状态。看看周边那些表现出超凡自信心的人，走路的速度肯定比一般人要快一些。从他们的步伐中可以看到这样一种信息：我自信，相信不久之后我就会成功。所以，试着加快自己的走路速度。

4.说话时，一定要正视对方

眼睛是心灵的窗户，和对方说话时眼神躲躲闪闪就意味着：我犯了错误，我瞒着你做了别的事，怕一接触你的眼神就会穿帮。这是不好的信息，而正视对方就等于告诉他：我非常诚实，我光明正大，我告诉你的话都是真的，我不心虚。想要你的眼睛为你工作，就要让你的眼神专注别人，这样不但能增强自己的信心，而且能够得到别人的信任。

5. 不要顾忌，大声地笑

笑可以使人增强信心，消除内心的惶恐，还能够激发自己战胜困难的勇气。真正的笑不但能化解自己的不良情绪，还能够化解对方的敌对情绪。向对方真诚地展露微笑，相信对方也不会再生你的气了。当你生气时，一定要对自己大声地笑，能大笑的时候就大笑，微微一笑是起不到什么大作用的，只有露齿大笑才能看到成效。

自信的人是最美的，他所散发出来的魅力不会因外表的平凡而有丝毫的减少。要用一种欣赏的眼光看世界，更要用欣赏的眼光看自己。好好欣赏你自己，因为自信，所以你魅力四射，让世界更加五彩缤纷，绚丽多姿。

成功从自信开始

为什么不多给自己一些信心呢？还是那句老话：成功从自信开始，自信是成功的基石。

一位原籍北京的中国留学生刚到加拿大的时候，为了寻找一份能够糊口的工作，他骑着一辆旧自行车沿着环加公路走了数日，替人放羊、割草、收庄稼、洗碗……只要给一口饭吃，他就会暂且停下疲惫的脚步。

一天，在唐人街一家餐馆打工的他，看见报纸上刊出了加拿大电讯公司的招聘启事。留学生担心自己英语不地道，专业不对口，他就选择了线路监控员的职位去应聘。过五关斩六将，眼看他就要得到那年薪三万五的职位了，不想招聘主管却出人意料地问他："你有车吗？你会开车吗？我们这份工作时常外出，没有车寸步难行。"

加拿大公民普遍拥有私家车，无车者寥若晨星，可这位留学生初来乍到还属无车族。为了争取这个极具诱惑力的工作，他不假思索地回答：“有！会！”

“4 天后，开着你的车来上班。”主管说。

4天之内要买车、学车谈何容易，但为了生存，留学生豁出去了。他在华人朋友那里借了 500 加元，从旧车市场买了一辆外表丑陋的“甲壳虫”。第一天他跟华人朋友学简单的驾驶技术；第二天

在朋友屋后的那块大草坪上模拟练习；第三天歪歪斜斜地开着车上了公路；第四天他居然驾车去公司报了到。时至今日，他已是"加拿大电讯"的业务主管了。

吴士宏是我们耳熟能详的名人。在吴士宏走向成功的过程中，她初次去 IBM 面试那段最值得称道了。当时的她还只是个小护士，抱着个半导体学了一年半许国璋英语，就壮起胆子到 IBM 去应聘。

那是 1985 年，站在长城饭店的玻璃转门外，吴士宏足足用了五分钟的时间来观察别人怎么从容地步入这扇神奇的大门。

两轮的笔试和一次口试，吴士宏都顺利通过了，面试进行得也很顺利。最后，主考官问她："你会不会打字？"

"会！"吴士宏条件反射般地说。

"那么你一分钟能打多少？"

"您的要求是多少？"

主考官说了一个数字，吴士宏马上承诺说可以。她环顾了四周，发现现场并没有打字机，果然考官说下次再考打字。

实际上，吴士宏从来没有摸过打字机。面试结束，她飞也似的跑了出去，找亲友借了 170 元买了一台打字机，没日没夜地敲打了一个星期，双手疲乏得连吃饭都拿不住筷子了，但她竟奇迹般地达到了考官说的那个专业水准。过好几个月她才还清了那笔债务，但公司也一直没有考她的打字功夫。

吴士宏的成功经历告诉我们：自信是走向成功的第一步，当你用满腔的自信去迎接考验时，就相当于打响了走向成功的第一炮！

有些人平时和身边的朋友亲人可以自由地侃侃而谈，而往往遇到陌生的却很关键场面就会变得很怯场，等于人为地为自己的成功之路设置了障碍。

美国一位职业指导专家认为，21世纪人们首先应当学会的是充满自信地推荐自己的技能。可见，在现代社会，面试过程中如何自信自如地把自己推荐给主考官是决定一生的大事。所以，每一个人都应当高度重视，记住：成功从自信开始，要想赢得一生的辉煌，就首先要满怀热诚地相信自己。

信心是力量与希望的源泉

并不是每一个贝壳都可以孕育出珍珠，也不是每一粒种子都可以萌生出幼芽，流水也会干涸，高山也可崩塌，而自信的人，可以在纷乱红尘中自由驰骋，游刃有余。

凡是自信的人都具有独立思考的能力以及忍辱负重的耐力，以智慧判断出自己所需要的东西，树立正确的理想并且为之奋斗。人的一生，只有为自己做出了准确定位，放稳了自己的脚步，才能做到有目的而不盲从，遇挫折而不退缩，才能活出生命的意义。

沙粒之所以能成为珍珠，只是因为它有成为珍珠的信念。芸芸众生都只是一粒粒平凡的沙子，但只要怀有成为珍珠的信念，就能长成一颗颗珍珠。

很久以前，有一个养蚌人，他想培养一颗世上最大最美的珍珠。

他去海边沙滩上挑选沙粒，并且一颗一颗地问那些沙粒，愿不愿意变成珍珠，那些沙粒都摇头说不愿意。养蚌人从清晨问到黄昏，他都快要绝望了。

就在这时，有一颗沙粒答应了他。

旁边的沙粒都嘲笑起那颗沙粒，说它太傻，去蚌壳里住，远离亲人、朋友，见不到阳光、雨露、明月、清风，甚至还缺少空气，只能与黑暗、潮湿、寒冷、孤寂为伍，不值得。

可那颗沙粒还是无怨无悔地随着养蚌人去了。

斗转星移，几年过去了，那颗沙粒已长成了一颗晶莹剔透、价值连城的珍珠，而曾经嘲笑它傻的那些伙伴们，依然只是一堆沙粒，有的已风化成土。

也许你只是众多沙粒中最最平凡的一粒，但只要你有要成为珍珠的信念，并且忍耐着、坚持着，当走过黑暗与苦难的长长隧道时，你就会惊讶地发现，在不知不觉中，你已长成了一颗珍珠。每颗珍珠都是由沙子磨砺出来的，能够成为珍珠的沙粒都有着成为珍珠的坚定信念，并为之无怨无悔。

很多人都曾有过怀才不遇的感觉，自认为自己的才华未得到别人的认可，能力无处施展，这时候，不妨反观自身，以弥补自己的缺陷，使自己的满腔热情与自信在沉淀之后变得更加坚韧。

其实，人最佳的心态莫过于能屈能伸，既要有成为珍珠的信念，也要在信念的实现过程中承受必要的压力，甚至屈辱。在现实生活中，有的人会为了理想常常被侮辱，还有的人会为了坚持理想，不惜忍辱负重。

这些人的做法，在很多人看来是无法理解的。也许他们认为自己的行为有意义，因而不在意别人的侮辱，一心一意只为了实现理想。

我们常常将理想比作前行路上的灯塔，即使海面波浪翻滚，狂风暴雨，依然能够为船只照亮前行的方向，这理想即是信念，更是智慧的导航。

第八章

每一个优秀的人，
都有一段沉默的时光

寂寞成长，无悔青春

每个想要突破目前的困境的人首先都需要耐得住寂寞，只有在寂寞中才能催生一个人的成长。

曾有人在谈及寂寞降临的体验时说："寂寞来的时候，人就仿佛被抛进一个无底的黑洞，任你怎么挣扎呼号，回答你的，只有狰狞的空间。"的确，在追寻事业成功的路上，寂寞给人的精神煎熬是十分厉害的。想在事业上有所成就，自然不能像看电影、听故事那么轻松，必须得苦修苦练，必须得耐疑难、耐深奥、耐无趣、耐寂寞，而且要抵得住形形色色的诱惑。能耐得住寂寞是基本功，是最起码的心理素质。耐得住寂寞，才能不赶时髦，不受诱惑，才不会浅尝辄止，才能集中精力潜心于所从事的工作。耐得住寂寞的人，等到事业有成时，大家自然会投来钦佩的目光，这时就不寂寞了。而有着远大志向却耐不住寂寞，成天追求热闹，终日浸泡在欢乐场中，一混到老，最后什么成绩也没有的人，那就将真正寂寞了。其实，寂寞不是一片阴霾，寂寞也可以变成一缕阳光。只要你勇敢地接受寂寞，拥抱寂寞，以平和的爱心关爱寂寞，你会发现：寂寞并不可怕，可怕的是你对寂寞的惧怕；寂寞也不烦闷，烦闷的是你自己内心的空虚。

曾获得奥斯卡最佳导演奖的华人导演李安，在去美国念电影学院时已经26岁，遭到父亲的强烈反对。父亲告诉他：纽约百老汇每年有几万人去争几个角色，电影这条路走不通的。李安毕业后，7年，整整7年，他都没有工作，在家做饭带小孩。有一段时间，他的岳父岳母看他整天无所事事，就委婉地告诉女儿，也就是李安的妻子，准备资助李安一笔钱，让他开个餐馆。李安自知

不能再这样拖下去，但也不愿拿丈母娘家的资助，决定去社区大学上计算机课，从头学起，争取可以找到一份安稳的工作。李安背着老婆硬着头皮去社区大学报名，一天下午，他的太太发现了他的计算机课程表。他的太太顺手就把这个课程表撕掉了，并跟他说："安，你一定要坚持自己的理想。"

因为这一句话，这样一位明理聪慧的老婆，李安最后没有去学计算机，如果当时他去了，多年后就不会有一个华人站在奥斯卡的舞台上领那个很有分量的大奖。

李安的故事告诉我们，人生应该做自己最喜欢最爱的事，而且要坚持到底，把自己喜欢的事发挥得淋漓尽致，必将走向成功。

如果你真正的最爱是文学，那就不要为了父母、朋友的谆谆教诲而去经商，如果你真正的最爱是旅行，那就不要为了稳定选

择一个一天到晚坐在电脑前的工作。

你的生命是有限的，但你的人生却是无限精彩的，也许你会成为下一个李安。

但你需要耐得住寂寞，7年你等得了吗？很有可能会更久，你等得到那天的到来吗？别人都离开了，你还会在原地继续等待吗？

一个人想成功，一定要经过一段艰苦的过程。任何想在春花秋月中轻松获得成功的人距离成功遥不可及。这寂寞的过程正是你积蓄力量，开花前奋力地汲取营养的过程。如果你耐不住寂寞，成功永远不会降临于你。

每一只惊艳的蝴蝶，前身都是不起眼的毛毛虫

成功贵在坚持，要取得成功就要坚持不懈地努力，很多人的成功，也是饱尝了许多次的失败之后得到的，我们经常说什么"失败乃成功之母"，成功诚然是对失败的奖赏，但却也是对坚持者的奖赏。

古往今来，那些成功者们不都是依靠坚持而取得成就的吗？

被鲁迅誉为"史家之绝唱，无韵之《离骚》"的《史记》，其作者司马迁，享誉千古的文学大师，可是他取得这么大的成就是在什么情况下呢？

汉武帝为了一时的不快阉割了堂堂的大丈夫，那是多么大的耻辱啊，而且这给他带来的身心伤害是多么的巨大！从此，他只能在四处不通风的炎热潮湿的小屋里生活，不能见风，不能再无畏地欣赏太阳、花草，换一个人，简直就活不下去了。

司马迁也曾想过死，对于当时的他来说，死是最容易的解脱

方法了。可是他心中始终有一个梦想，他的梦想就是写一部历史的典籍，把过去的事记下来，传诸后世，为了这个梦，他坚持了下来，坚持着忍受了身体的痛苦，坚持着忍受了别人歧视的目光，坚持着在严酷的政治迫害下活着，以继续撰写《史记》，并且终于完成了这部光辉著作。

他靠的是什么？只有两个字：坚持。如果他在遭受了腐刑以后，丧失一切斗志，那么我们现在就再也看不到这本巨著，吸收不了他的思想精华。所以他的成功，他的胜利，最主要的还是靠坚持。如果真的可以有对比，他的著作所带给我们的震撼倒其次了，他的坚持的精神所激励鼓舞我们的更多。

外国名作家杰克·伦敦的成功也是建立在坚持之上的。就像他笔下的人物"马丁·伊登"一样，坚持坚持再坚持，他抓住自己的一切时间，坚持把好的字句抄在纸片上，有的插在镜子缝里，有的别在晒衣绳上，有的放在衣袋里，以便随时记诵。所以他成功了，他的作品被翻译成多国文字，我们的书店中他的作品放在显眼的位置，赫然在目。当然，他所付出的代价也比其他人多好几倍，甚至几十倍。成功是他坚持的结果。

功到自然成。成功之前难免有失败，然而只要能克服困难，坚持不懈地努力，那么，成功就在眼前。

石头是很硬的，水是很柔软的，然而柔软的水却穿透了坚硬的石头，这其中的原因无他，唯坚持而已。我们在黑暗中摸索，有时需要很长时间才能找寻到通往光明的道路。以勇敢者的气魄，坚定而自信地对自己说，我们不能放弃，一定要坚持。也只有坚持，才能让我们冲破禁锢的蚕茧，最终化成美丽的蝴蝶。

不喧哗，自有声

人生最大的自由，莫过于选择成败，成功者寥若晨星，更少有人青史留名，而失败者比比皆是。据有关学者研究证明：48％的人经历一次失败，就一蹶不振了；25％的人经历两次失败就泄气了；15％的人经历三次失败也放弃了；只有12％的人经历无数次的失败后，仍不气馁，始终朝着一个方向冲刺。他们坚信，只要方向不错，方法得当，坚持不懈、锲而不舍，成功只是时间问题。人生最大的敌人是自己，战胜自己是成功者的必经之路。

李健最早涉足茶叶经营是在2001年。在这之前他经营着一家超市，由于拆迁，他只好改行和一个福建籍朋友做起了茶叶生意。那时，茶艺还处于萌芽状态，是一个新兴产业，利润空间和发展空间都比较大。

然而，李健对茶艺、茶文化一窍不通，门市开业后，面对顾客提出的有关茶的问题，他常常脸涨得通红，说不出话来，之后只得向朋友求救。看着朋友和顾客大谈茶文化，李健第一次认识到茶居然有着这样深的内涵，他喜欢上了这一行。

后来，李健和朋友的经营理念发生了分歧，生意也开始变得清淡。李健回忆，在一段时间里，他们不断地往里垫钱，根本没有回款。坚持了三个月后，李健与朋友在经营思路上的分歧越来越大，最后只好分道扬镳。于是，李健开始独自创业。

经过市场调查，他把茶叶门市地址选在了北京茶叶一条街——马连道。也许是初生牛犊不怕虎，李健当初只是想扎堆的生意好做，并没在意这一条街上对手们的来历。后来他才发现这里的人个个都是高手，不论是茶道还是销售，而且他们都来自茶叶生产厂家，对茶有着深刻的理解，唯独他是个门外汉。

李健选定地址后看中了一间 60 平方米的门市，年租金 4 万元。他交了租金请来装修工装修门市，自己则赶往茶叶生产地采购茶叶。这是他第一次采购茶叶，由于没有经验，又缺乏茶叶知识，他采购的茶叶无论在色泽上还是质量上都给日后的批发和销售带来了困难。为了不再犯同样的错误，他买来大量有关茶叶的书，仔细研读，凡是上门的客户也都提供最优惠的价格，以便发展市场。即使这样，他的门市仍是门庭冷落。

李健开始托朋友介绍茶叶销售渠道，稍有空闲就亲自背着茶叶样品去零售店推销，有时他请人给他看门市，自己背个大袋子到偏远区县去找销售点。而很多时候，他都吃了闭门羹，偶尔听到"我们有供货方，以后考虑吧"，他都激动半天。"那时我一心想着尽快发展客户，有时一天只能吃一顿饭，一个月下来整个人都快虚脱了。"

在两个月里，他跑遍了 6 个城市的茶叶零售店，但是没有得到任何回报。

李健的茶叶门市经历了整整 14 个月的萧条后才开始复苏。在这期间，他不断听到类似他这种门外汉茶业门市倒闭的消息，他的朋友也劝他收手。李健经过激烈的思想斗争后，咬着牙告诉朋友："我已经喜欢上了这个行业，每个行业起步都会有艰难和困苦，更何况我还没有认输。"

随着对茶经的深入了解和对市场的辛勤开拓，李健的门市第 13 个月开始有了一点儿利润，就在 2003 年春节前的一个月，他的门市赚回了之前的所有投资，还略有盈余。2004 年，李健的茶叶门市纯利润达 20 多万元。

事实证明：只要有恒心，铁棒也能磨成针。看一个人，不必看他辉煌耀眼、春风得意之时，而应看他身处逆境时是怎样艰难跋涉的。执着是人类的一种美德，任何天赋、才华、强势都不能代替。不积跬步，无以至千里；不积细流，无以成江河。千里之行始于足下，做任何事情都必须有恒心。

做一个安静细微的人，于角落里自在开放

《伊索寓言》中有这样一个故事：

有一只狐狸喜欢自夸自大，它以为森林中自己最大。

傍晚，它单独出去散步，走路的时候看见一个映在地上的巨大影子，觉得很奇怪，因为它从来没有见过那么大的影子。后来，它知道是它自己的影子，就非常高兴。它平常就以为自己伟大、有优越感，只是一直找不到证据可以证明。

为了证实那影子确实是自己的，它就摇摇头，那个影子的头部也跟着摇动，这证明影子是自己的。它就很高兴地跳舞，那影子也跟着它舞动。它继续跳，正得意忘形时，来了一只老虎。狐狸看到老虎也不怕，就拿自己的影子与老虎比较，结果发现自己的影子比老虎大，就不理它，继续跳舞。老虎趁着狐狸跳得得意忘形的时候扑了过去，把它咬死了。

一个人若种植信心，他会收获品德。一个人若种下骄傲的种子，他必收获众叛亲离的果子，甚至带来不可预知的危险，就像那只自夸自大、自我膨胀的狐狸一样。

但高傲的姿态，却是现代人的通病。大家都想吸引别人的目光，殊不知这目光可能投来善意，也可能投来恶意。越是高调的人，越容易成为众矢之的。老子在《道德经》中说："生而不有，

为而不恃，功成而不居。"又说："功成名遂，身退，天之道。"
如果成功之后，只知自我陶醉，迷失于成果之中停滞不前，那就
是为自己的成就画了句号。

　　成功常在辛苦日，败事多因得意时。切记：不要老想着出风头。
一个人的成绩都是在他谦虚好学、伏下身子踏实肯干的时候取得
的，一旦骄气上升、自满自足，必然会停止前进的脚步。

　　有人会说，大凡骄傲者都有点儿本事、有点儿资本。你看，《三
国演义》中"失荆州"的关羽和"失街亭"的马谡不是都熟读兵书、
立过大功吗？这种说法其实是只看到了事情的表面，而没看到事
情的本质。关羽之所以"大意失荆州"，马谡之所以"失街亭"，
不正是因为他们自以为"有资本"而铸成的大错吗？

　　一个人有一点儿能力，取得一些成绩和进步，产生一种满意
和喜悦感，这是无可厚非的。但如果这种"满意"发展为"满足"，"喜
悦"变为"狂妄"，那就成问题了。这样，已经取得的成绩和进步，
将不再是通向新胜利的阶梯和起点，而成为继续前进的包袱和绊
脚石，那就会酿成悲剧。

　　在这个世界上，谁都在为自己的成功拼搏，都想站在成功的
巅峰上风光一下。但是成功的路只有一条，那就是放低姿态，不
断学习。在通往成功的路上，人们都行色匆匆，有许多人就是在
稍一回首、品味成就的时候被别人超越了。因此，有位成功人士
的话很值得我们借鉴："成功的路上没有止境，但永远存在险境；
没有满足，却永远存在不足；在成功路上立足的最基本的要点就
是学习，学习，再学习。"

心中有光的人，终会冲破一切黑暗和荆棘

当你面对人类的一切伟大成就的时候，你是否想到过，曾经为了创造这一切而经历过无数寂寞的日夜，他们不得不选择与寂寞结伴而行，有了此时的寂寞，才能获得自己苦苦追求的似锦前程。

很多时候成功不是一蹴而就的，要经过很多磨难，每个人无论如何都不能丢弃自己的梦想。执着于自己的目标和理想，把自己开拓的事业做下去。

肯德基创办人桑德斯先生在山区的矿工家庭中长大，家里很穷，他也没受什么教育。他在换了很多工作之后，自己开始经营一个小餐馆。不幸的是，由于公路改道，他的餐馆必须关门，关门则意味着他将失业，而此时他已经 65 岁了。

也许他只能在痛苦和悲伤中度过余年了，可是他拒绝接受这种命运。他要为自己的生命负责，相信自己仍能有所成就。可是他是个一无所有、只能靠政府救济的老人，他没有学历和文凭，没有资金，没有什么朋友可以帮他，他应该怎么做呢？他想起了小时候母亲炸鸡的特别方法，他觉得这种方法一定可以推广。

经过不断尝试和改进之后，他开始四处推销这种炸鸡的经销权。在遭到无数次拒绝之后，他终于在盐湖城卖出了第一个经销权，结果立刻大受欢迎，他成功了。

65 岁时还遭受失败而破产，不得不靠救济金生活，在 80 岁时却成为世界闻名的杰出人物。桑德斯没有因为年龄太大而放弃自己的成功梦想，经过数年拼搏，终于获得了巨大的成功。如今，肯德基的快餐店在世界各地都是一道风景。

很多时候，在日常生活、工作中我们必须在寂寞中度过，没有任何选择。这就是现实，有嘈杂就有安静，有欢声笑语，就有寂静悄然。

既然如此，你逃脱不掉寂寞的影子，驱赶不走寂寞的阴魂，为什么非要与寂寞抗争？寂寞有什么不好，寂寞让你有时间梳理躁动的心情，寂寞让你有机会审视所作所为，寂寞让你站在情感的外圈探究感情世界的课题，寂寞让你向成功的彼岸挪动脚步，所以，寂寞不光是可怕的孤独。

寂寞是一种力量，而且无比强大。事业成就者的秘密有许多，生活悠闲者的诀窍也有许多。但是，他们有一个共同的特点，那就是耐得住寂寞。谁耐得住寂寞，谁就有宁静的心情，谁有宁静的心情，谁就水到渠成，谁水到渠成谁就会有收获。山川草木无不含情，沧海桑田无不蕴理，天地万物无不藏美，那是它们在寂寞之后带给人们的享受。所以，耐住寂寞之士，何愁做不成想做的事情。有许多人过高地估计自己的毅力，其实他们没有跟寂寞认真地较量过。

我们常说，做什么事情需要坚持，只要奋力坚持下来，就会成功。这里的坚持是什么？就是寂寞。每天循规蹈矩地做一件事情，心便生厌，这也是耐不住寂寞的一种表现。

如果有一天，当寂寞紧紧地拴住你，哪怕一年半载，为了自己的追求不得不与寂寞搭肩并进的时候，心中没有那份失落，没有那份孤寂，没有那份被抛弃的感觉，才能证明你的毅力坚强。

人生不可能总是前呼后拥，人生在世难免要面对寂寞。寂寞是一条波澜不惊的小溪，它甚至掀不起一个浪花，然而它却孕育着可能成为飞瀑的希望，渗透着奔向大海的理想。坚守寂寞，坚持梦想，那朵盛开的花朵就是你盼望已久的成功。

虽然每一步都走得很慢，但我不曾退缩过

"登泰山而小天下"，这是成功者的境界，如果达不到这个高度，就不会有这个视野。但是，若想到达这种境界亦非易事，人们从岱庙前起步上山，进中天门，入南天门，上十八盘，登玉皇顶，这一步步拾级而上，起初倒觉轻松，但愈到上面便愈感艰难。十八盘的陡峭与险峻曾使无数登山客望而却步。游人只有努力向前，才能登上泰山山顶，体验杜甫当年"一览众山小"的酣畅意境。

许多人盼望长命百岁，却不理解生命的意义；许多人渴求事业成功，却不愿持之以恒地努力。其实，人的生命是由许许多多的"现在"累积而成的，人只有珍惜"现在"，不懈奋斗，才能使生命焕发光彩，事业获得成功。

要成功，最忌"一日曝之，十日寒之"，"三天打鱼，两天晒网"。数学家陈景润为了求证哥德巴赫猜想，用过的稿纸几乎可以装满一个小房间；作家姚雪垠为了写成长篇历史小说《李自成》，竟耗费了40年的心血，大量的事实告诉我们：无论你多么聪明，成功都是在踏实中，一步一步、一年一年积累起来的。

莎士比亚说："斧头虽小，但多次砍劈，终能将一棵挺拔的大树砍倒。"

现在有一种流行病，就是浮躁。许多人总想"一夜成名""一夜暴富"。他们不扎扎实实地长期努力，而是想靠侥幸一举成功。比如投资赚钱，不是先从小生意做起，慢慢积累资金和经验，再把生意做大，而是如赌徒一般，借钱做大投资、大生意，结果往

往惨败。网络经济一度充满了泡沫。有的人并没有认真研究市场，也没有认真考虑它的巨大风险，只觉得这是一个发财成名的"大馅饼"，一口吞下去，最后没撑多久，草草倒闭，白白"烧"掉了许多钞票。

俗话说："滚石不生苔"，"坚持不懈的乌龟能快过灵巧敏捷的野兔"。如果能每天学习一小时，并坚持12年，所学到的东西，一定远比坐在学校里混日子的人所学到的多。

人类迄今为止，还不曾有一项重大的成就不是凭借坚持不懈的精神而实现的。

大发明家爱迪生也如是说："我从来不做投机取巧的事情。我的发明除了照相术，也没有一项是由于幸运之神的光顾。一旦我下定决心，知道我应该往哪个方向努力，我就会勇往直前，一遍一遍地试验，直到产生最终的结果。"

要成功，就要强迫自己一件一件地去做，并从最困难的事做起。有一个美国作家在编辑《西方名作》一书时，应约撰写102篇文章。这项工作花了他两年半的时间。加上其他一些工作，他每周都要干整整七天。他没有从最容易阐述的文章入手，而是给自己定下一个规矩：严格地按照字母顺序进行，绝不允许跳过任何一个自感费解的观点。另外，他始终坚持每天都首先完成困难较大的工作，再干其他的事。事实证明，这样做是行之有效的。

一个人如果要成功，就应该学习这些名人的经验，从小事入手，坚持下去，总有一天你会看到成功的阳光。

生活原本厚重，我们何必总想拈轻

曾经火暴各大电视银屏的电视剧《士兵突击》有下面几个关于主角许三多的情节：

结束了新兵连的训练，许三多被分到了红三连五班看守驻训场，指导员对他说："这是一个光荣而艰巨的任务。"而李梦说："光荣在于平淡，艰巨在于漫长。"许三多并不明白李梦话中的含义，但是他做到了。

在三连五班，在120多华里的大草原上，在你干什么都没人知道的那些时间和那个地点，他修了一条路，一条能使直升机在上空盘旋的路。

钢七连改编后，只剩下许三多独自看守营房，一个人面对着空荡荡的大楼。但他一如既往地跑步出操，一丝不苟地打扫卫生，一样嘹亮地唱着餐前一支歌，那样的半年，让所有人为之侧目。

袁朗的再次出现无疑是许三多人生中的又一个重要转折。对曾经活捉过自己的许三多，袁朗有着自己的见解："不好不坏、不高不低的一个兵，一个安分的兵，不太焦虑、耐得住寂寞的兵！有很多人天天都在焦虑，怕没得到，怕寂寞！我喜欢不焦虑的人！"于是许三多在袁朗的亲自游说下参加了老 A 的选拔赛，并最终成为老 A 的一员。

当他离开七〇二团时，团长把自己亲手制作的步战车模型送给许三多，并且说："你成了我最尊敬的那种兵，这样一个兵的价值甚至超过一个连长。"

许三多耐受寂寞的能力是他跨越各种障碍和逆境的性格优势，由此我们可以看出：成功需要耐得住寂寞！成功者付出了多少，别人是想象不到的。

　　每个人一生中的际遇都不相同，只要你耐得住寂寞，不断充实、完善自己，当际遇向你招手时，你就能很好地把握，获得成功。有"马班邮路上的忠诚信使"称号的王顺友就是这样一个甘于寂寞、耐得住寂寞的人。

　　王顺友，四川省凉山彝族自治州木里藏族自治县邮政局投递员，全国劳模，"全国道德模范"的获得者。他一直从事着一个人、一匹马、一条路的艰苦而平凡的乡邮工作。邮路往返里程 360 公里，月投递两班，一个班期为 14 天。22 年来，他送邮行程达 26 万多公里，相当于走了 21 个二万五千里长征，相当于围绕地球转了 6 圈！

　　王顺友担负的马班邮路，山高路险，气候恶劣，一天要经过几个气候带。他经常露宿荒山岩洞、乱石丛林，经历了被野兽袭击、意外受伤等艰难困苦。他常年奔波在漫漫邮路上，一年中有 330 天左右的时间在大山中度过，无法照顾多病的妻子和年幼的儿女，却没有向组织提出过任何要求。

　　为了排遣邮路上的寂寞和孤独，娱乐身心，他自编自唱山歌，其间不乏精品，像"为人民服务不算苦，再苦再累都

幸福"，等等。为了能把信件及时送到群众手中，他宁愿在风雨中多走山路，改道绕行以方便沿途群众。他还热心为农民群众传递科技信息、致富信息、购买优良种子。为了给群众捎去生产生活用品，王顺友甘愿绕路、贴钱、吃苦，受到群众的绝口称赞。

20余年来，王顺友没有延误过一个班期，没有丢失过一个邮件，没有丢失过一份报刊，投递准确率达到100%。

王顺友是成功的，因为他耐住了寂寞，战胜了自己。耐得住寂寞，是所有成就事业者共同遵循的一个原则。它以踏实、厚重、沉思的姿态作为特征，以一种严谨、严肃、严峻的态度，追求着人生的目标。当这种目标价值得以实现时，他仍不喜形于色，而是以更踏实的人生态度去探求实现另一奋斗目标的途径。而浮躁的人生是与之相悖的，它以历来不甘寂寞和一味追赶时髦为特征，受到强烈的功利主义驱使。浮躁地向往，浮躁地追逐，只能产出浮躁的果实。这果实的表面或许是绚丽多彩的，但不具有实用价值和交换价值。

"论至德者不和于俗，成大功者不谋于众"，从侧面阐明的正是这个意思：至高无上之道德者，是不与世俗争辩的；而成就大业者往往是不与老百姓和谋的。这话听起来似乎有悖于历史唯物主义，但细细想来，也不无道理。"头悬梁锥刺股"也好，"孟母三迁""凿壁偷光"也好，大都说的是，成就大业者在其创业初期，都是能耐得住寂寞的，古今中外，概莫能外。门捷列夫的化学周期表的诞生，居里夫人镭元素的发现，陈景润在哥德巴赫猜想中摘取的桂冠等，都是在寂寞中扎扎实实做学问，在反反复复的冷静思索和数次实践后才得以成功的。

耐得住寂寞是一个人的品质，不是与生俱来，也不是一成不变，它需要长期的艰苦磨炼和凝重的自我修养、完善。耐得住寂寞是一种有价值、有意义的积累，而耐不住寂寞往往是对宝贵人生的挥霍。

一个人的生活中有可能会有这样那样的挫折和机遇，但只要你有一颗耐得住寂寞的心，用心去对看待与守望，成功一定会属于你。

第九章

你忍受的痛苦，
都会变成将来的礼物

生命出现低谷时，要有一颗向阳的心

俄国文学家契诃夫说过："不懂得幽默的人，是没有希望的人。"

百年人生，逆境十之八九。我们在人生的旅途上，并非都是铺满鲜花的坦途，反而要常常与不如意的事情结伴而行。诸如考试落榜、工作解聘、官职被免、疾病缠身、情场失意等，都会使人叹息不止，产生强烈的失落感。有的人甚至从此一蹶不振，心理上长期处于沮丧、忧伤、懊悔、苦闷的状态，不但影响工作情绪和生活质量，而且有害于身心健康。

实际上，许多不如意的事，并非由于自己有什么过错，有时是由于自己力量不及，有时是由于客观条件不允许，有时则是"运气不佳"，有时甚至纯属天灾人祸。在这种情况下，如果面对现实，及时调整心态，不时幽默一下，就能化解困境，平衡心理，使自己从苦闷、烦恼、消沉的泥潭中解脱出来。因此，生活中的每个人都应当学会少一点失望，多一点幽默。

有的人善于运用幽默的语言行为来处理各种关系，化解矛盾，消除敌对情绪。他们把幽默作为一种无形的保护伞，使自己在面对尴尬的场面时，能免受紧张、不安、恐惧、烦恼的侵害。幽默的语言可以解除困窘，营造出融洽的气氛。

幽默是好莱坞的一大传统。出身好莱坞的里根也常常采用同样的幽默嘲讽手法。幽默有时很奏效，笑声使人们驱散了认为里根好斗并爱干蠢事的那种印象。有一次讲演中，针对有人抗议他在国防方面耗资巨大的问题，里根说："我一直听到有关订购 B-1 这种产品的种种宣传。我怎么会知道它是一种飞机型号呢？我原以为这是一种部队所需的维生素而已。"里根这种把昂贵的战斗机拿来开玩笑的幽默，抵消了人们对庞大的国防预算的批评。

还有一次，里根总统访问加拿大，在一座城市发表演说。在演说过程中，有一群举行反美示威的人不时打断他的演说，明显地显示出反美情绪。里根是作为客人到加拿大访问的，加拿大的总理皮埃尔·特鲁多对这种无礼的举动感到非常尴尬。面对这种困境，里根反而面带笑容地对他说："这种情况在美国是经常发生的，我想这些人一定是特意从美国来到贵国的，可能他们想使我有一种宾至如归的感觉。"听到这话，尴尬的特鲁多禁不住笑了。

美国心理学教授塔吉利亚认为，幽默是自我力量的最高、最佳层次。他说，到达了这一层次，一切的问题和困扰都会自行削弱，从而达到抚慰人心的效果。事实也是这样，逃避并不是超脱，需要得到超脱的是我们那种受狭隘自尊心理束缚的"一本正经"。其实，笑自己长相上的缺陷，笑自己干得不太漂亮的事情，会使你变得富有人情味。据说，法国一家销售公司的总裁，专门雇用那些善于制造快乐气氛、懂得幽默的人。他说："幽默能把自己推销给大家，让人们接受他本人，同时也接受他的观点、方法和产品。"

英国著名化学家法拉第，由于长期紧张的研究工作，患头痛、失眠等症，虽然经过多年医治，但还是不能根除，健康每况愈下。后来，他请了一位高明的医师，经过详细询问和检查，医师开了一张奇怪的处方，没写药名，只写了一句谚语："一个小丑进城，胜过一打医生。"开始，法拉第百思不得其解，后来逐渐悟出其中道理，便决心不再打针吃药，而是经常到马戏团看小丑表演，结果每次都是大笑而归。从此他的紧张情绪逐渐松弛下来。不久，头痛、失眠的症状也消失了，健康状况好转起来。

这就是"一个小丑进城，胜过一打医生"的谚语典故。在生活中，每个人都希望自己快乐，也往往喜欢和有幽默感的人在一起。因为他们可以比较容易地克服逆境，可以把快乐带给大家，并赋予生活以活力和情趣，使自己的心理更加健康。

所以，当你遇到困难、挫折或是尴尬时，你不应该气馁、绝望或缩手缩脚。此时，最好的化解方法就是幽默，跟别人一起大笑一阵后，什么事都没了。幽默，既是自谦，又是自信。它不同于自轻自贱，更不同于自诩自大。当你学会了如何幽默时，你会发现，自己已经掌握了制造快乐、摆脱困境以及维护尊严的能力。

改变很难，不改变会一直很难

人的生命历程就像海浪一样，总是在高低起伏中前进。在前进的途中，有时我们会碰到一道又一道难以翻越的坎儿。这些坎儿就是我们人生的瓶颈，卡在这个瓶颈中，我们会有种既上不去又下不来的感觉。如果卡在那里的时间过长，恐怕我们的斗志将会被慢慢磨灭，甚至最后自我放弃。所以，我们要不断超越自己，突破我们人生的瓶颈。

20 世纪 80 年代，百事可乐公司异军突起，使可口可乐公司遭到了强有力的挑战。为了扭转不利的竞争局面，塞吉诺·扎曼临危受命——经营可口可乐公司。

扎曼采取的策略是更换可口可乐的旧模式，标之以"新可口可乐"，并对其进行大肆宣传。但在新的营销策略中，扎曼犯了一个严重错误，他将老可口可乐的酸味变成甜味，没有考虑到顾客口味的不可变性，这就违背了顾客长久以来形成的习惯。结果，新可口可乐全线溃败，成为继美国著名的艾德塞汽车失利以来最具灾难性的新产品，以至 79 天后，"老可口可乐"就不得不重返柜台支撑局面——改名为"古典可乐"。

扎曼策略性的失败对他在公司的地位造成了巨大的负面影响，不久，他就在四面的攻击声中黯然离职。在扎曼离开可口可乐公司后的 14 个月中，他非常愧疚，没有同公司中的任何人交谈过。对于那段不愉快的日子，他回忆道："那时候我真是孤独啊！"但是扎曼没有丧失希望，放弃自我。

世上没有永远的失败，失败只不过是成功人生的其中一个步骤而已，经历人生的瓶颈只是一时的，人生如果没有经历过挫折，那就不会享受到真正的成功，成功其实就是一连串失败的结果。对于扎曼来说就是这样。

在扎曼先生经过了一年多的瓶颈期后，他和另一个合伙人开办了一家咨询公司。他就用一台电脑、一部电话和一部传真机，在亚特兰大一间被他戏称之为"扎曼市场"的地下室里，为微软公司和酿酒机械集团这样的著名公司提供咨询。后来，扎曼先生为微软公司、米勒·布鲁因公司为代表的一大批客户成功地策划了一个又一个发展战略。

最后，扎曼先生在咨询领域成绩斐然，此时可口可乐也来向他咨询，并请他回来整顿公司工作，可口可乐公司总裁罗伯特也承认："我们因为不能容忍扎曼犯下的错误而丧失了竞争力，其实，一个人只要运动就难免有摔跟头的时候。"

是啊，人生难免摔跟头，一时的失意并不可怕，只要不失去希望、失去志向，就能突破人生的瓶颈，赢得属于自己的一片天空。历史上许多伟人，许多成功者，都有过失意的时候，而他们都能够做到失意而不失志，都能做到胜不骄，败不馁。

蒲松龄一生梦想为官，可最终也没能如意，但是他幸运的，因为他能及时反省，能及时调转人生的航向，找到他人生的另一片天空，这才有《聊斋志异》的流芳百世，他的大名也永载史册。

司马迁因李陵一案而官场失意，可他没有被打垮，不屈不挠的精神反而成就了他"史家之绝唱，无韵之《离骚》"的传世经典之作。

美国伟大的总统林肯一生经历了无数失败和困苦，但他最终还是得到了成功女神的垂青，成为美国历史上与华盛顿齐名的伟人。试想，如果他不能坚持到最后，每一次失败都将有可能把他的未来之路堵死。

成功学家拿破仑·希尔认为："不管如何失败，都只不过是不断茁壮发展过程中的一幕。"一位哲人也说过："成功是由若干步骤组成的，人生低谷只是其中的某个步骤而已，如果在那里停止了前进的脚步，那将是非常愚蠢的。"

所以，面对人生的瓶颈，我们要坚定自己的志向，永远怀着希望与信念，以毫不妥协的精神突破这些瓶颈，走出人生的低谷。

摆脱厄运的办法是不向它认输

再怎么成功的人，也会有不顺心的时候，也会有徒劳无功的时候，也会经历磨难的侵扰，但这些人不会太在意这些逆境的信息，而是将其视为不完美的结果，坚持着忍耐下去，并且坦然面对，累积这些"结果"，达到最后的成功。

李嘉诚的亚洲首富不是凭空杜撰的，比尔·盖茨的几百亿美元更不是美国的海风吹来的。他们都经过了生活的历练，都经过了不如意的侵扰。在漫长的忍耐中，厚积薄发，最后一鸣惊人。

比尔·盖茨刚刚离开哈佛与保罗·艾伦一起经营微软之初，

处处不如意。因为公司很小，BASIC（英文 Beginner's All-purpose Symbolic Instruction Code 的缩写，初学者的全方位符式指令代码）的发明并未引起轰动，当时的 IBM（英文 International Business Machines Corporation 的缩写，国际商业机器公司）与苹果公司甚至不屑与可怜的微软合作。这些不如意都没能让比尔·盖茨困惑，他在忍耐中不断探求。终于，在 Win95 推出后，比尔·盖茨让世界上的人认识了自己！

　　商业本身就充满了各种不确定因素，因此磨难必不可少，综观千古成功的商人，忍耐几乎是必不可少的手段，经历过痛苦的磨炼，财运会随之而来。如果只是挣硬气、好面子，不懂得忍耐之道，不知晓伸缩之理，那么，你会一无所获。

　　事理相通，商场的忍耐推而广之，就是成功之道。磨难并不可怕，关键看你能否忍耐，有一颗"隐忍"的心，那么，成功唾手可得。

　　　　为什么拿破仑能够突破重重阻力而叱咤风云？为什么海伦·凯勒在双目失明的情况下，心中依然有光明之梦？一个共同之处就是他们都经历过一个又一个的磨难，并且在磨难的打击中迅速成长起

来。也正因为如此，伟人们镇定自若，"泰山崩于前而色不变，猛虎趋于后而心不惊"。

"宝剑锋从磨砺出，梅花香自苦寒来。"磨难就是财富，受宫刑之辱的司马迁痛定思痛，写出了千古名篇："盖西伯拘而演《周易》；仲尼厄而作《春秋》；屈原放逐，乃赋《离骚》；左丘失明，厥有《国语》；孙子膑脚，《兵法》修列；不韦迁蜀，世传《吕览》；韩非囚秦，《说难》《孤愤》。《诗》三百篇，大抵贤圣发愤之所为作也。此人皆意有所郁结，不得通其道，故述往事，思来者。"

安逸舒适的环境容易消磨人的意志，最后导致人一无所成。接受命运的挑战是我们磨炼自己、施展抱负、实现梦想的最佳方法。

任何一个成大事者必须具备忍耐挫折，忍耐成功前的艰辛的能力，更要具备忍耐不如意的时时侵扰。假如你想赚钱、想创业、想成名，一定要先掂量掂量自己：面对从肉体到精神上的全面折磨，你有没有那样一种宠辱不惊的"定力"与"忍耐力"。因为，创业要比一般人承受更多的困难、挫折乃至痛苦和孤独。无论遇到什么事情，哪怕是违背自己本意的事情，都得控制自己的情绪，不得有过激的言行；否则，你很有可能会前功尽弃。

人生不可能一帆风顺，机会也不会总顺风而来，蕴藏在逆境中的机会有时更加巨大，足以改变人的一生，所以，对于逆境也应该抱着一种忍耐的态度。磨难虽苦，但却可以化为人生的财富。

不忘初心，方得始终

"生当作人杰，死亦为鬼雄。至今思项羽，不肯过江东。"这是著名的女词人李清照赞颂西楚霸王项羽的一首诗，诗中虽然充满了豪情，但却难免给人英雄气短的感觉。试想一下，如果当年项羽能够忍受一时的屈辱，过得江东之后重整人马，那么历史便很有可能被改写。

而他的对手刘邦，则将一个"忍"字发挥到了极致。刘邦为了将来的前程似锦，忍住浮华诱惑，锋芒暂隐，静待转机。这也许正是他最终胜出项羽的原因。咸阳城内王室发生的剧变，已经明显影响到了秦军的士气，恰逢刘邦招降，众士兵正中下怀，项羽这边听说刘邦西征军已经接近武关的消息，也颇为着急。章邯投降后，项羽不再有任何阻碍，率军火速攻向关中盆地的东边大门——函谷关。

十月，刘邦军团进至灞上。咸阳城已完全没有了防卫的能力，秦王子婴主动投降，秦王朝正式灭亡。

刘邦大军历尽千辛万苦终于进入咸阳，此时刘邦对日后称霸天下有了莫大的野心和信心。

同时，面对扑面而来的荣华富贵，喜好享乐的他，竟然一时忘乎所以，自然忍不住心动。想起年少时的狂言："大丈夫当如是也。"一切都这样不可思议的唾手可得。

刘邦本是无赖，进入咸阳城内，面对扑面而来的荣华富贵，一时有些忘乎所以。但在张良等人的劝说下，为了长远的未来，刘邦忍下了享受的心。

一个"忍"字的功夫怎生了得，他成全了刘邦，是刘邦成就霸业不可多得的秘密武器。而项羽，在民心方面，项羽明显不如刘邦。项羽嗜杀成性，不管对方是否投降，一律斩杀。他曾在一夜之间，设计歼害了 20 万秦国降军。项羽因为此事而在秦国人民心中臭名昭著。

项羽残杀秦国兵士，刘邦却与秦地父老约法三章，谁是谁非，天下人自然明白。刘邦轻易便为自己赢得了百姓的信任，项羽虽然勇猛，但是做一国之君的话，尚嫌粗莽。在这一节上，刘邦的功夫显然比项羽的功夫要到家。但是刘邦并非一忍再忍，还军灞上之后，仍对咸阳城念念不忘，从而犯下了一个致命的错误。

随后，刘邦在"鸿门宴"中更是将"忍"刻在了心头。这一场心理战，决定了最后的结局。刘邦在得知项羽要进攻的时候，镇定地用谎言骗住了项羽，使得项羽留给了刘邦一条生路。而项羽始终是轻敌的，尤其忽视了刘邦这个手下部将。他认为以刘邦的兵力，绝对不是他的对手。但是刘邦不跟他斗勇，刘邦喜欢斗智。

这就注定了项羽的悲剧命运。就勇猛来说，项羽力拔山兮气盖世；就智慧来说，项羽也不乏胆识与聪明；就实力来说，项羽是一代霸王，有过众望所归的气势。然而就是一个不能忍，破坏了全部的计划，影响了最终的结局，可见，忍字的力量无穷无尽。

小不忍则乱大谋，忍人一时之疑，一定之辱，一方面是脱离被动的局面，同时也是一种对意志、毅力的磨炼，另一方面，为日后的发愤图强和励精图治奠定了一定的基础。而不能忍者，则要品尝自己急躁播下的苦果。

委屈才能求全

很多时候，暂时的败、一时的退、短期的弱对事业和人生来说都不一定是坏事。相反，它会为你的下一次进步积蓄冲击力。为人处世要有退步的气魄，要学会退，以退为进。要学会委曲求全，始终相信纵然有一时的不如意，也终将成为过去。

委曲求全一词蕴含着古人的智慧，只有委屈一时，才能让怒火消除，让人冷静处事，那么做错事的概率也就会降到最低。

明朝安肃有个叫赵豫的人。宣德和正统时期，他曾经任松江知府。在任期间，赵豫对老百姓问寒问暖，关怀备至，深得松江老百姓的爱戴。

赵豫有一个非常奇特的处理日常事务的方法，他的下属称之为"明日办"。每次他见到来打官司的，如果不是很急很急的事，他总是慢条斯理地说："各位消消气，明日再来吧。"起先，大家对他的这套工作方法不以为然，认为这实在是一个懒惰拖拉的知府，甚至还暗地里编了一句"松江知府明日来"的顺口溜来讽刺他，都叫他"明日来"。

赵豫性格稳重，为人宽厚，听到这个绰号，总是淡淡地笑笑，从不责备叫他绰号的人。因为他的态度和蔼，对下属从没有声色俱厉过，所以，那些下属有什么话都敢于跟这位知府老爷说。

一天，一个下属问他："大人，您为什么要这样做？这样做太伤害您的名誉了。"赵豫于是解释了"明日再来"的好处："有很多的人来官府打官司，是乘着一时的愤激情绪，而经过冷静思考后，或者别人对他们加以劝解之后，气也就消了。气消而官司平息，这就少了很多的恩恩怨怨。"

赵豫此招甚妙，虽然给自己戴上了"懒惰拖拉"的帽子，但是人们的情绪却能够冷却下来，官司因此而平息，百姓因此而和睦，由此我们可以说："委屈可以求全。"退后一步，对事情进行"冷处理"，有助于缓和情绪，让问题得到更好的解决。赵豫的"明日再来"这种处理一般官司的做法，是合乎人的心理规律的。经过一天的冷却，当事人都不很急躁，才能理智地对待所发生的一切。这种"冷处理"包含为人处世的高度智慧，把他用在生活中，会避免不必要的争执。

正如跳高、跳远，要退到后面很远的地方，起跳时才会有更强的冲击力。生活也是如此，退后一步，就是为了更好地前进。一时的委屈是为了永久的安然。忍一时的不冷静，对人对己都有好处。当不愉快的事情发生后，退一步想，就会海阔天空。在实际生活中，不管你多么有能耐，多么无情，总是有人比你更有能耐，更加无情。拼个鱼死网破，倒不如后退几步，另求他路。

古往今来，安身处世者大有人在，曲径通幽，卧薪尝胆，委曲求全，最终成大业者都经历过退步，才能干出轰轰烈烈的壮举。退后一步，即使一时处于低势，但在心灵上获得了某种轻松、潇洒的感觉，在精神上，做好了向前冲的准备。

没伞的孩子，必须努力奔跑

没有一个人可以不依靠别人而独立生活，这本是一个需要互相扶持的社会，先主动伸出友谊的手，你会发现原来四周有这么多的朋友。在生命的道路上我们更需要和其他的人互相扶持，一起共同成长。

一个小男孩在他的玩具沙箱里玩耍。沙箱里有他的一些玩具小汽车、敞篷货车、塑料水桶和一把亮闪闪的塑料铲子。在松软的沙堆上修筑公路和隧道时，他在沙箱的中部发现一块巨大的岩石。

小家伙开始挖掘岩石周围的沙子，企图把它从泥沙中弄出去。他是个很小的小男孩，而岩石却相当巨大。手脚并用，似乎没有费太大的力气，岩石便被他边推带滚地弄到了沙箱的边缘。不过，这时他才发现，他无法把岩石向上滚动、翻过沙箱边墙。

小男孩下定决心，手推、肩挤、左摇右晃，一次又一次地向岩石发起冲击，可是，每当他刚刚觉得取得了一些进展的时候，岩石便滑脱了，重新掉进沙箱。

小男孩只得哼哼直叫，拼出吃奶的力气猛推猛挤。但是，他得到的唯一回报便是岩石再次滚落回来，砸伤了他的手指。

最后，他伤心地哭了起来。这整个过程，男孩的父亲从起居室的窗户里看得一清二楚。当泪珠滚过孩子的脸旁时，父亲来到了跟前。

父亲的话温和而坚定："儿子，你为什么不用上所有的力量呢？"

垂头丧气的小男孩抽泣道："但是我已经用尽全力了，爸爸，我已经尽力了！我用尽了我所有的力量！"

"不对，儿子，"父亲亲切地纠正道，"你并没有用尽你所有的力量。你没有请求我的帮助。"

父亲弯下腰，抱起岩石，将岩石搬出了沙箱。随后说："人互有短长，你解决不了的问题，要善于借助别人的力量，比如你的朋友或亲人，他们也是你的资源和力量。"

要想成就一番大事业，单靠自己一方面的力量是不够的，在力量不强大时，就要善于积极借助他方的力量。在他方的大树下，开辟一片新天地，这不仅仅是谋略，也是一种成功经验的智能产物。

忍下来，就是向前一步

小不忍则乱大谋，小不忍难成大器，这是中华民族五千年来的浓缩智慧，是中华儿女生生不息的古老传承。能承受者，不计较一城一池的得失，更不逞一时的口舌之快；笑到最后，才是笑得最好，能成功者，首先要能够付出，其次是能够承受，最重要的，是能够忍耐。武则天是历史上唯一的一位女皇，对于她的评判，历来毁誉参半，作为一名杰出的政治家，她固然有其奸诈、阴狠的一面，但是她的大气、豪迈，也令后来者为之赞叹。

徐敬业在扬州造反时，骆宾王起草了讨武檄文，曰："昔充太宗下陈，曾以更衣人侍，洎乎晚节，秽乱春宫，潜隐先帝之私，阴图后庭之嬖……践元后于翚翟，陷吾君于聚麀。加以虺蜴为心，豺狼成性，近狎邪僻，残害忠良。杀姊屠兄，弑君鸩母。人神之所同嫉，天地之所不容……试看今日之域中，竟是谁家之天下！"

如此的谩骂攻击，连那些读檄文的大臣也为之色变，但是武则天却非常欣赏为文者的文采，竟询问檄文的作者是何人。当她知道是骆宾王时，叹道："如此天才使之沦为叛逆，宰相的过错呀。"没有如此的慨然大气，恐怕武则天无论有多少雄才伟略、阴谋诡计，也无法打破"女子不得干政"的天规铁律，将大唐江山牢牢握在手心。

不与侮辱自己的敌人计较，并不是说要让自己毫无原则，而是要忘却侮辱带来的烦恼，化敌为友，展现自己的素养。

哲学家康德曾说："生气，是拿别人的错误惩罚自己。"人与人的差别，有时在于如何对待受气，在于能不能承受"气"。

在非洲的草原上，有一种吸血蝙蝠。它的身体极小，但却是野马的天敌。这种动物专靠吸动物的血生存，它在攻击野马时，就附在马腿上，用锋利的牙齿刺破野马的腿，然后用尖尖的嘴吸血。无论野马怎么发疯地蹦跳、狂奔都无法驱赶掉这种蝙蝠。而蝙蝠却可以从容地吸附在野马身上或是落在野马的头上，直到吸饱吸足后，才心满意足地飞去。而野马常常在暴怒、狂奔、流血中无可奈何地死去。

动物学家们在分析这一问题时，一致认为吸血蝙蝠所吸的血量微不足道，远不至于会让野马死去，野马的死是由于它本身暴怒的习性和狂奔所致。

　　不能忍者必然被焦虑、愤怒、抑郁等不良情绪困扰着，导致情绪失控，其实最后受伤害的是自己。对于理智的人而言，学会忍耐是必不可少的人生功课。俄国文学家屠格涅夫在"开口之前，先把舌头在嘴里转个圈"，即动怒之前先不讲话，以缓和不良情绪。当需求受阻或遭受挫折时，可以用满足另一种需求的方式来减弱自己的挫败感，以发挥自身的优势，激发自信心。

第十章

再牛的梦想，
也抵不住傻瓜似的坚持

将来的你，一定会感谢现在努力的自己

我们之所以没有成功，很多时候是因为在通往成功的路上，我们没能耐得住寂寞，没有专注于脚下的路。

张艺谋的成功在很大程度上来源于他对电影艺术的诚挚热爱和忘我投入。正如传记作家王斌所说的那样："超常的智慧和敏捷固然是张艺谋成功的主要因素，但惊人的勤奋和刻苦也是他成功的重要条件。"

拍《红高粱》的时候，为了表现剧情的氛围，他亲自带人去种出一块 100 多亩的高粱地；为了"颠轿"一场戏中轿夫们颠着轿子踏得山道尘土飞扬的镜头，张艺谋硬是让大卡车拉来十几车黄土，用筛子筛细了，撒在路上；在拍《菊豆》中杨金山溺死在大染池一场戏时，为了给摄影机找一个最好的角度，更是为了照顾老演员的身体，张艺谋自告奋勇地跳进染池充当"替身"，一次不行再来一次，直到摄影师满意为止。

我们如果还在抱怨自己的命运，还在羡慕他人的成功，就需要好好反省自身了。很多时候，你可能就输在对事业的态度上。

1986 年，摄影师出身的张艺谋被吴天明点将出任《老井》一片的男主角。没有任何表演经验的张艺谋接到任务，二话没说就搬到农村去了。

他剃光了头，穿上大腰裤，露出了光脊背。在太行山一个偏僻、贫穷的山村里，他与当地乡亲同吃同住，每天一起上山干活，一起下沟担水。为了使皮肤粗糙、黝黑，他每天中午光着膀子在烈日下曝晒；为了使双手变得粗糙，每次摄制组开会，他不坐板凳，而是学着农民的样子蹲在地上，用沙土搓揉手背；为了电影中的

两个短镜头，他打猪食槽子连打了两个月；为了影片中那不足一分钟的背石镜头，张艺谋实实在在地背了两个月的石板，一天三块，每块 150 斤。

在拍摄过程中，张艺谋为了达到逼真的视觉效果，真跌真打，主动受罪。在拍"舍身护井"时，他真跳，摔得浑身酸疼；在拍"村落械斗"时，他真打，打得鼻青脸肿。更有甚者，在拍旺泉和巧英在井下那场戏时，为了找到垂死前那种奄奄一息的感觉，他硬是三天半滴水未沾、粒米未进，连滚带爬地拍完了全部镜头。

在通往成功的道路上，如果你能耐得住寂寞，专注于脚下的路，目的地就在你的前方，只要努力，你一定会走到终点；如果你专注于困难，始终想不到目的地就在离你不远的前方，你永远都走不到终点！

可能在人生旅途中我们会有理想也会有很多目标，但我们从来都不知道会遇到什么困难，所以你努力地朝着终点前进，你在过程中变得更自信更坚强，最终也走到了目的地。但如果你已经预测到了，我们的旅途是何等的艰辛，它困难重重，我们千方百计地去设想、规划每个可能碰到的困难，结果我们在攻克中迷失了方向，在想的过程中目的地已经离我们太远了。

心失衡，世界就会倾斜

我们所拥有的并不是太少，而是欲望太多，一旦落入欲望的圈套，再强的抵抗能力都会被瓦解。

水中垂着一个钓饵，装的是一块新鲜的虾肉。

一条鲫鱼游过来了。它看了一眼钓饵：真不错，是块美味的东西。可是警惕的鲫鱼是不会轻易上当的，它记得有不少同伴，就是因为贪吃钓饵而断送了性命。因此，它小心翼翼地向这块食物看了又看。

"这准是钓饵，不能吃。"鲫鱼赶紧游开了。

鲫鱼找了半天也找不到其他吃的，过了一会儿，又游回到这个钓饵旁边。

饥饿使它不得不对这块诱人的食物又进行了一番研究和观察。

"不行，绝不能上当！这块东西一定是钓饵。"鲫鱼警告自己，随即又游开了。

鲫鱼游了没多远，心里老记挂着那块鲜美的东西。不一会儿，又游回来了。

它再一次仔细地观察和分析着这块令人垂涎的美味。

"哦，看来似乎没有什么危险吧，让我试它一试。"鲫鱼便用尾巴打了一下钓饵。

钓饵在水中荡了几下，又垂挂在那儿纹丝不动。

"看来没什么问题。"鲫鱼想，"难道就白白放弃这样一块美味可口的东西？那不是太可惜了吗？"

鲫鱼犹豫不决，考虑再三。

"哎哟！肚子这样饿，眼看着这鲜美的食物不吃，可真难受啊！"鲫鱼在钓饵旁边转来转去。"上帝保佑吧！让我冒一次险，仅仅这一次。说不定是我自己过于谨慎了，其实一点危险也没有呢！"

这时候，鲫鱼看见远处有一条鲤鱼向它这儿游过来。

"快，再要迟疑，这美味的东西将是别人腹中之物了！"

说着，鲫鱼扑上去，张开大嘴把那块食物吞了下去。

"哎哟！"

钓竿一提，鲫鱼上钩了。

不能抵抗人性弱点的诱导，让精神软化，势必不能主宰自我。鲫鱼终于没有抵抗住美味的诱惑，成为垂钓者的猎物。鲫鱼原本是小心谨慎的，只是因为欲望太盛，才沦为欲望的奴隶。

人常常也是如此，人的私心与贪欲常常使自己重重地跌倒在"欲望"的旋涡里。

事实上，我们所拥有的并不是太少，而是欲望太多。欲望使我们感到不满足、不快乐；欲望解除了我们的思想武装，使我们最终任人摆布。

鱼有水才能自由自在地嬉戏，但是它们忘记自己置身于水；鸟借风力才能自由翱翔，但是它们却不知道自己置身风中。人如果能看清此中道理，就可以超然置身于物欲的诱惑之外，获得人生的乐趣。

不可否认，在这个灯红酒绿的社会，物质的诱惑何其多，你若能够沉下心来对抗心底的那份寂寞，坦然面对，不忘乎所以，那么你就不会被身外之物所苦，不被身外之物所累，在正确的道路上一往无前。

别怕失败，失败有时让你更强大

生活中，很多事情你越是想远离痛苦就越觉得痛苦，越是想要放弃或逃避越是逃脱不了：父母生活在社会的底层，不能做你强有力的靠山，还要你赚钱贴补家用；你没有过人的才华，不懂得为人处世的技巧，在办公室里，你要小心翼翼地做人，唯恐一时失言把别人得罪了；你没有漂亮的脸蛋、魔鬼的身材，走在人群当中，你不知道该用怎样的资本去高昂头颅，展露属于自己的那份自信……

其实，逆风的方向，更适合飞翔。"我不怕万神阻挡，只怕自己投降。"一个人无论面对怎样的环境，面对再大的困难，都不能放弃自己的信念，放弃对生活的热爱。很多时候，打败自己的不是外部环境，而是你自己。

只要一息尚存，我们就要追求、奋斗。那么，即便遭遇再大的困难，我们都一定能化解、克服，并于逆风之处扶摇直上，做到"人在低处也飞扬"。

现今，人们传颂着一个动人的小故事：

许多年前，一个妙龄少女来到东京酒店当服务员。这是她的第一份工作，因此她很激动，暗下决心：一定要好好干！她想不到：上司安排她洗厕所！洗厕所！实话实说没人爱干，何况她从未干过粗重的活儿，细皮嫩肉，喜爱洁净，干得了吗？她陷入了困惑、苦恼之中，也哭过鼻子。这时，她面临着人生的一大抉择：是继续干下去，还是另谋职业？继续干下去——太难了！另谋职业——知难而退？人生之路岂有退堂鼓可打？她不甘心就这样败下阵来，因为她曾下过决心：人生第一步一定要走好，马虎不得！这时，同单位一位前辈及时地出现在她面前，他帮她摆脱了困惑、苦恼，帮她迈好这人生第一步，更重要的是帮她认清了人生路应该如何走。但他并没有用空洞理论去说教，而是亲自做给她看。

首先，他一遍遍地抹洗着马桶，直到抹洗得光洁如新；然后，他从马桶里盛了一杯水，一饮而尽喝了下去！竟然毫不勉强。实际行动胜过万语千言，他不用一言一语就告诉了少女一个极为朴素、极为简单的真理：光洁如新，要点在于"新"，新则不脏，因为不会有人认为新马桶脏，也因为马桶中的水是不脏的，是可以喝的；反过来讲，只有马桶中的水达到可以喝的洁净程度，才算是把马桶抹洗得"光洁如新"了，而这一点已被证明可以办得到。

同时，他送给她一个含蓄的、富有深意的微笑，送给她关注的、鼓励的目光。这已经够用了，因为她早已激动得几乎不能自持，从身体到灵魂都在震颤。她目瞪口呆、热泪盈眶、恍然大悟、如梦初醒！她痛下决心：

"就算一生洗厕所，也要做一名洗厕所最出色的人！"

从此，她成为一个全新的、振奋的人；从此，她的工作质量也达到了那位前辈的高水平，当然她也多次喝过马桶水，为了检验自己的自信心，为了证实自己的工作质量，也为了强化自己的敬业心。

坚定不移的人生信念，表现为她强烈的敬业心："就算一生洗厕所，也要做一名洗厕所最出色的人。"这一点就是她成功的奥秘之所在；这一点使她几十年来一直奋进在成功路上；这一点使她从卑微中逐渐崛起，直至拥有了成功的人生。

缺点并不可怕，平凡也不是闪光的坟墓。人生之中，无论我们处于何种在他人看来卑微的境地，我们都不必自暴自弃，只要我们能耐得住寂寞，心中有渴望崛起的信念，只要我们能坚定不移地笑对生活，那么，我们一定能为自己开创一个辉煌美好的未来！

看不清未来，就把握好现在

当我们不具备成功的天赋时，只有脚踏实地，才能让自己站稳脚跟。正如山崖上的松柏，经过无数暴风雪的洗礼，只有坚定地盘固于土地，它们才长成坚固的树干。

一个人若不敢向命运挑战，不敢在生活中开创自己的蓝天，命运给予他的也许仅是一个枯井的地盘，举目所见将只是蛛网和尘埃，充耳所闻的也只是唧唧虫鸣。

所以，成功需要付出，希望需要汗水来实现，人生需要勤奋来铸就。

在美国，有无数感人肺腑、催人奋进的故事，主人公胸怀大志，尽管他们出身卑微，但他们以顽强的意志、勤奋的精神努力奋斗，锲而不舍，最终获得了成功。林肯就是其中的一位。

幼年时代，林肯住在一所极其简陋的茅草屋里，没有窗户，也没有地板，用当代人的居住标准来看，他简直就是生活在荒郊野外。但是他并没放弃希望，为了希望他流再多的汗水也不会后悔。当时他的住所离学校非常远，一些生活必需品都相当缺乏，更谈不上可供阅读的报纸和书籍了。

然而，就是在这种情况下，他每天还持之以恒地走二三十里路去上学。晚上，他只能靠着木柴燃烧发出的微弱火光来阅读……

众所周知，林肯成长于艰苦的环境中，只受过一年的学校教育，但他努力奋斗、自强不息，最终成为美国历史上最伟大的总统之一。

任何人都要经过不懈努力才可能有所收获。世界上没有机缘巧合这样的事存在，唯有脚踏实地、努力奋斗才能收获美丽的奇迹。

亨利·福特从一所普通的大学毕业之后，便开始四处奔波求职，但均以失败告终。福特没有丧失对生活的希望，他依旧信心十足，自强不息、永不气馁。

为了找一份好工作，他四处奔走。为了拥有一间安静、宽敞的实验室，他和妻子经常搬家。短短的几年时间里，夫妻俩到底搬过几次家连他们自己也说不清了，但他们依旧乐此不疲。因为每一次搬迁，夫妇俩都有新的收获。贫困和挫折不仅磨炼了福特坚韧的性格，也锻炼了他的耐力和恒心，更使他有机会熟悉社会、了解人生，为未来新的冲刺做好了思想和技术的准备。

尽管贫困和挫折给他增添了不少的麻烦，但为了理想福特依然勤奋努力着，依然奋力拼搏着。功夫不负有心人，福特自强不息的精神和奋不顾身的打拼终于得到了回报。他应聘到爱迪生照明公司主发电站负责修理蒸气引擎，终于实现了自己的心愿。不久，他又因为工作出色，被提升为主管工程师。

坚定自强不息的信念，让它深深地根植于你的心中，它就会激发你各方面的潜能，使你勇敢面对工作中的一切困难和障碍。

努力把自己的事做得更好，就是一种创造！厨师把菜做得更美味可口，裁缝把衣服做得更美观耐穿，建筑师盖出更舒适的房屋，司机开车更安全，作家努力写出更好的文章，都会为自己带来幸运，同时也为他人带来幸福。

无论是在生活中还是在工作中，都需要我们脚踏实地，时时衡量自己的实力，不断调整自己的方向，一步一步达到自己的目标。

只有坚信成功，才有机会成功

1883 年，富有创造精神的工程师约翰罗布林雄心勃勃地意欲着手建造一座横跨曼哈顿和布鲁克林的桥。然而桥梁专家却说这计划纯属天方夜谭，不如趁早放弃。罗布林的儿子华盛顿，是一个很有前途的工程师，也确信这座大桥可以建成。父子俩克服了种种困难，在构思着建桥方案的同时也说服了银行家们投资该项目。

然而桥开工几个月，施工现场就发生了灾难性的事故。罗布林在事故中不幸身亡，华盛顿的大脑也严重受伤。许多人都以为这项工程因此会泡汤，因为只有罗布林父子才知道如何把大桥建成。

尽管华盛顿丧失了活动和说话的能力，但他的思维还同以往一样敏锐，他决心坚持要把父子俩费了很多心血的大桥建成。一天，他脑中忽然一闪，想出一种用他唯一能动的一个手指和别人交流的方式。他用那只手敲击他妻子的手臂，通过这种密码方式由妻子把他的设计意图转达给仍在建桥的工程师们。整整13年，华盛顿就这样坚持着用一根手指指挥工程，直到雄伟壮观的布鲁克林大桥最终落成。

无独有偶，博迪是法国的一名记者，在1995年的时候，他突然心脏病发作，导致四肢瘫痪，而且丧失了说话的能力。被病魔袭击后的博迪躺在医院的病床上，头脑清醒，但是全身的器官中，只有左眼还可以活动。可是，他并没有被病魔打倒，虽然口不能言，手不能写，他还是决心要把自己在病倒前就开始构思的作品完成并出版。出版商便派了一个叫门迪宝的笔录员来做他的助手，每天工作6小时，给他的著述做笔录。

博迪只会眨眼，所以就只有通过眨动左眼与门迪宝来沟通，逐个字母逐个字母地向门迪宝背出他的腹稿，然后由门迪宝抄录出来。门迪宝每一次都要按顺序把法语的常用字母读出来，让博迪来选择，如果博迪眨一次眼，就说明字母是正确的。如果眨两次，则表示字母不对。

由于博迪是靠记忆来判断词语的，因此有时可能出现错误，有时他又要滤去记忆中多余的词语。开始时他和门迪宝并不习惯这样的沟通方式，所以中间也产生不少障碍和问题。刚开始合作时，他们两个每天用6个小时默录词语，每天只能录一页，后来慢慢加到3页。

几个月之后，他们经历艰辛终于完成这部著作。据粗略估计，为了写这本书，博迪共眨了左眼 20 多万次。这本不平凡的书有 150 页，已经出版，它的名字叫《潜水衣与蝴蝶》。

在很多时候，我们看似都缺少成功的条件。在困难面前停滞不前。似乎看不到成功的条件和未来。其实缺少成功的条件不要紧，因为条件是可以创造的。如果我们主动去创造了条件，成功就指日可待。

如果你缺少成功的条件，请记住：逆境不是你不成功的理由。

梦想带来希望，妄想带入绝境

传说中，西西里岛附近海域有一座塞壬岛，长着鹰的翅膀的塞壬女妖日日夜夜唱着动人的魔歌引诱过往的船只。在古希腊神话中，特洛伊战争的英雄奥得修斯曾路过塞壬女妖居住的海岛。之前早就听说过女妖善于用美妙的歌声勾人魂魄，而登陆的人总是要死亡。奥得修斯嘱咐同伴们用蜡封住耳朵，免得他们被女妖的歌声所诱惑，而他自己却没有塞住耳朵，他想听听女妖的声音到底有多美。为了防止意外发生，他让同伴们把自己绑在桅杆上，并告诉他们千万不要在中途给他松绑，而且他越是央求，他们越要把他绑得更紧。

果然，船行到中途时，奥得修斯看到几个衣着华丽的美女翩翩而来，她们声音如莺歌燕啼，婉转跌宕，动人心弦。听着这美妙的歌声，奥得修斯心中顿时燃起熊熊烈火，他急于奔向她们，

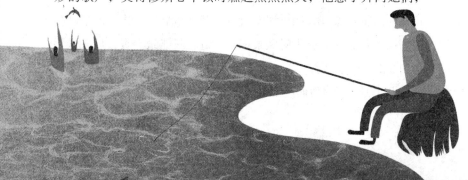

大声喊着让同伴们放他下来。但同伴们根本听不见他在说什么，他们仍然在奋力向前划船。有一位叫欧律罗科斯的同伴看到了他的挣扎，知道他此刻正在遭受着诱惑的煎熬，于是走上前，把他绑得更紧。就这样，他们终于顺利通过了女妖居住的海岛。

　　这是一个很熟悉的传说，不过它正在越来越多地被运用到情商（EQ）上作为自制能力成功的正面范例。似乎有越来越多的例子证明，能够耐得住寂寞的人比较容易成功。哈佛大学心理学家丹尼尔·戈尔曼的《情商》一书，把情绪智力（也称情商）定义为"能认识自己和他人的感觉，自我激励，以及很好地控制自己在人际交往中的情绪能力。"情商分为五种情绪能力和社会能力：自知、移情、自律、自强和社交技巧。自知，意味着知道自己当前的感受。因为我们整天都忙忙碌碌，所以就无暇顾及反省和自知。一个人的自我形象与其在他人眼中的形象越一致，他的人际关系就越成功。情商的第二个组成部分（移情），能培养我们的同情心和无私精神，并能带来合作。情商的第三部分是控制自己情绪的能力。情商高的人能更好地从人生的挫折和低潮中恢复过来。第四部分是自强，自强的人能够很好地控制情绪，不靠冲击或刺激就能采取行动。最后，社交技巧指的是通过与他人友好地交流来掌握人际关系的能力。一个高智商的人，完全可以与一个低智商但有着高水平交往技巧的人很好地合作。

　　戈尔曼和研究人员针对4岁小孩子成长过程中对诱惑的控制来说明抵制诱惑、强烈自制的重要性，以及和个人成功的关系。调查表明，那些在四岁时能以坚忍换得第二颗软糖的孩子常成为适应性较强、冒险精神较强、比较受人喜欢、比较自信、比较独立的少年；而那些在早年经不起软糖诱惑的孩子则更可能成为孤僻、易受挫、固执的少年，他们往往屈从于压力并逃避挑战。对这些孩子分两级进行学术能力倾向测试的结果表明，那些在软糖实验中坚持时间较长的孩子的平均得分高达210分。研究还发现，那些能够为获得更多的软糖而等待得更久的孩子要比那些缺乏耐心的孩子更容易获得成功，他们的学习成绩要相对好一些。在后来的几十年的跟踪观察中发现，有耐心的孩子在事业上的表现也较为出色。

在一粒芝麻与一个西瓜之间，你一定明白什么是明智的选择。如果某种诱惑能满足你当前的需要，但却会妨碍达到更大的成功或长久的幸福。那就请你屏神静气，站稳立场，耐得住寂寞。一个人是这样，一个企业、一个社会也是这样。

请一条路走到底

幸运、成功永远只能属于辛劳的人，有恒心不易变动的人，能坚持到底、绝不轻言放弃的人。耐性与恒心是实现目标过程中不可缺少的条件，是发挥潜能的必要因素。耐性、恒心与追求结合之后，形成了百折不挠的巨大力量。

一位青年问著名的小提琴家格拉迪尼："你用了多长时间学琴？"格拉迪尼回答："20年，每天12小时。"

我们与大千世界相比，或许微不足道，不为人知，但是我们能够耐心地增长自己的学识和能力，当我们成熟的那一刻、一展所能的那一刻，将会有惊人的成就。正如布尔沃所说的："恒心与忍耐力是征服者的灵魂，它是人类反抗命运、个人反抗世界、灵魂反抗物质的最有力支持。从社会的角度看，考虑到它对种族问题和社会制度的影响，其重要性无论怎样强调也不为过。"

　　凡事没有耐性，耐不住寂寞，不能持之以恒，正是很多人最后失败的原因。英国诗人布朗宁写道：

　　　　实事求是的人要找一件小事做，
　　　　找到事情就去做。
　　　　空腹高心的人要找一件大事做，
　　　　没有找到则身已故。
　　　　实事求是的人做了一件又一件，
　　　　不久就做一百件。
　　　　空腹高心的人一下要做百万件，
　　　　结果一件也未实现。

　　拥有耐力和恒心，虽然不一定能使我们事事成功，但却绝不会令我们事事失败。古巴比伦富翁拥有恒久的财富秘诀之一，便是保持足够的耐心，坚定发财的意志，所以他才有能力建设自己的家园。任何成就都来源于持久不懈的努力，要把人生看作一场持久的马拉松。整个过程虽然很漫长、很劳累，但在挥洒汗水的时候，我们已经慢慢接近了成功的终点。半路放弃，我们就必须要找到新的起点，那样我们只会更加迷失，可是如果能坚持原路行进，终点不会弃我们而去。也许，我们每个人的心里都有一个执着的愿望，只是一不小心把它丢失在了时间的蹉跎里，让天下间最容易的事变成了最难的事。然而，天下事最难的不过十分之一，能做成的有十分之九。要想成就大事大业的人，尤其要有恒心来成就它，要以坚忍不拔的毅力、百折不挠的精神、排除纷繁复杂的耐性、坚贞不变的气质，作为涵养恒心的要素，去实现人生的目标。

图书在版编目（CIP）数据

只要你坚持，世界不会将你抛弃 / 微阳著 . —北京：
中国华侨出版社，2019.8（2020.8 重印）

ISBN 978-7-5113-7931-3

Ⅰ.①只… Ⅱ.①微… Ⅲ.①成功心理—通俗读物
Ⅳ.① B848.4-49

中国版本图书馆 CIP 数据核字（2019）第 148970 号

只要你坚持，世界不会将你抛弃

著　　者：微　阳
责任编辑：黄　威
封面设计：冬　凡
文字编辑：宋　媛
美术编辑：张　诚　李丹丹
插图绘制：徐晓然
经　　销：新华书店
开　　本：880mm×1230mm　1/32　印张：6　字数：150 千字
印　　刷：三河市万龙印装有限公司
版　　次：2020 年 6 月第 1 版　　2021 年 4 月第 3 次印刷
书　　号：ISBN 978-7-5113-7931-3
定　　价：36.00 元

中国华侨出版社　北京市朝阳区西坝河东里 77 号楼底商 5 号　邮编：100028
法律顾问：陈鹰律师事务所
发行部：（010）88893001　　传　真：（010）62707370

如果发现印装质量问题，影响阅读，请与印刷厂联系调换。